經營顧問叢書 ㉝⑧

商業簡報技巧〈增訂二版〉

呂國兵　編著

憲業企管顧問有限公司　發行

《商業簡報技巧》〈增訂二版〉

序　言

　　本書初上市受到各大企業公司熱愛，踴躍採購，列為部門主管必修技能，此次是增訂二版，內容更務實，增加更多案例，適合所有商業簡報人士和使用 PPT 的各行各業讀者。

　　商業簡報就是要「讓別人接受自己的觀點」，簡報成敗與否，直接決定了你所做的努力是否會有回報，能否做出完美的簡報演示，已成為職場競爭力的一個衡量標準。

　　如何有效利用簡報技巧向客戶傳達商業資訊、推銷產品或服務呢？如何圓滿地完成一次簡報，如何才能確保簡報達到預期目的，如何使自己看起來、聽起來、走起來，每一個細微的動作都「像」一個專業簡報人員？事實證明，僅靠絢麗多變的幻燈片是遠遠不夠的。以前也許用過 PPT 製作會議報告等，但那僅僅是會使用電腦而已，談不上簡報工作。

　　成功商業人仕最喜歡的工具，就是商業簡報技巧，有一句話「臺上一分鐘，台下十年功」，每一場成功簡報演示的背後，也凝聚了

簡報演示者大量的付出和汗水。

作者擔任企管公司講師，本書是作者多年來在企管培訓班專門指導企業界如何正確進行商業簡報工作，受到業界專家的高度評價和讀者的熱烈歡迎。

<簡報能力>已被列為主管昇遷的考核項目之一，當你對客戶介紹產品優點時、當你對新提案講話時、當你站在全體員工前面時、當你面對專業部門發表施政方針演說時、當你在客戶面前做商業簡報、公開發表過商業演講、……，這時是你表達個人特質和闡述理念的絕佳機會，如果你懂得如何進行簡報工作，善用精心設計的視覺輔助教材，靈活地加以運用，必能讓你成為名符其實的專業人士。

對簡報演示者來說，要想獲得個人的成功、企業的發展，必須認真對待每一次演示，力爭做好每一次演示。

本書特色是實用性高，彙集多年成功經驗、心得，始終以實用性為原則，沒有深奧難懂的概念，通過無數個生動有趣的案例，讓讀者領會到簡報操作中的陷阱、失誤及明智之處。

為了能讓讀者掌握簡報演示這一溝通方式，本書詳盡描述了簡報過程中應注意的各種細節、可能出現的問題、應對技巧等內容，使讀者能在短時間內變成簡報演示高手。

本書完全從簡報實務入手，充分考慮了演示者在演示過程中的每一句話、每一個動作乃至於每一個眼神、每一個簡報圖片。透過對這些細節的講解，可以幫助簡報演示者靈活處理遇到的各種情況，避免意外事故的發生。

2020 年 8 月

《商業簡報技巧》〈增訂二版〉

目　錄

第一章　先要確定你的簡報目標 / 8

1、確定你的簡報目標 ⋯⋯⋯⋯⋯⋯⋯⋯⋯⋯ 9

2、確定你想要說服的對象 ⋯⋯⋯⋯⋯⋯⋯⋯ 16

3、有多少人會來聽簡報 ⋯⋯⋯⋯⋯⋯⋯⋯⋯ 21

4、分析你面對簡報聽眾特色 ⋯⋯⋯⋯⋯⋯⋯ 22

5、他們的身份是誰 ⋯⋯⋯⋯⋯⋯⋯⋯⋯⋯⋯ 27

6、簡報主題是否恰當 ⋯⋯⋯⋯⋯⋯⋯⋯⋯⋯ 29

第二章　選擇你的簡報媒介 / 34

1、傳統的站立式簡報法 ⋯⋯⋯⋯⋯⋯⋯⋯⋯ 35

2、討論會式的簡報法 ⋯⋯⋯⋯⋯⋯⋯⋯⋯⋯ 38

3、視頻會議的簡報法 ⋯⋯⋯⋯⋯⋯⋯⋯⋯⋯ 40

4、虛擬簡報法 ⋯⋯⋯⋯⋯⋯⋯⋯⋯⋯⋯⋯⋯ 41

第三章　簡報視覺媒體的選擇 / 46

1、選擇視覺媒體 ⋯⋯⋯⋯⋯⋯⋯⋯⋯⋯⋯⋯ 46

2、電腦投影片 Powerpoint ⋯⋯⋯⋯⋯⋯⋯ 49

3、投影機 ⋯⋯⋯⋯⋯⋯⋯⋯⋯⋯⋯⋯⋯⋯⋯ 51

4、幻燈機 ··· 58

5、簡報圖表 ··· 61

6、書寫海報 ··· 64

7、掛圖 ··· 65

8、電影或錄影帶 ····································· 69

9、模型 ··· 71

第四章　設計出令人難忘的投影簡報 / 73

1、要設計出簡報專用的「簡報藍圖」··· 74

2、簡報藍圖的規劃步驟 ························· 76

3、令人難忘的投影片 ··························· 81

4、圖片、剪輯、圖表與錄影短片的引用 85

5、簡報展現形式的設計 ························· 88

6、簡報投影設計的十大禁忌 ··············· 91

第五章　簡報視覺教材的設計技巧 / 93

1、設計簡報教材的六大原則 ··············· 93

2、簡報文字的使用方法 ······················· 96

3、教材設計的禁忌 ······························· 97

4、做好簡報資訊分類 ··························· 98

5、簡報圖表的技巧 ······························· 102

6、圖片讓圖表更形象 ··························· 111

7、形象化的視覺語言 ··························· 114

8、遞進關係圖表化 ······························· 116

9、包含關係圖表化 ································ 119

10、並列關係圖表化 ······························ 121

11、總分關係圖表化 ······························ 123

12、對比關係圖表化 ······························ 125

13、遞延關係圖表化 ······························ 128

第六章　整個簡報過程的設計重點 / 130

1、簡報內容的優化設計 ························· 130

2、簡報效果的設計 ······························ 134

3、簡報的整體情節設計 ························· 143

4、簡報的導入設計 ······························ 148

5、簡報的過渡設計 ······························ 158

6、簡報的結尾設計 ······························ 161

第七章　簡報前要演練，再演練 / 165

1、演練兩次 ······································ 165

2、現場的實地演習 ······························ 169

3、技術方面的演練 ······························ 171

4、充滿自信地上臺演講 ························· 174

5、簡報者的流程控制 ··························· 180

6、一定先要預演 ·································· 182

7、團隊預演 ······································ 185

8、自我檢查 ······································ 188

9、簡報的結尾 ···································· 191

10、用音樂穿插說話 ⋯⋯⋯⋯⋯⋯⋯⋯⋯⋯⋯⋯193

第八章　簡報者的檢測 / 194
1、提前若干天開始準備 ⋯⋯⋯⋯⋯⋯⋯⋯⋯195
2、報告即將開始 ⋯⋯⋯⋯⋯⋯⋯⋯⋯⋯⋯⋯205
3、用不用 PPT ⋯⋯⋯⋯⋯⋯⋯⋯⋯⋯⋯⋯⋯209
4、簡報需要多長時間 ⋯⋯⋯⋯⋯⋯⋯⋯⋯⋯212
5、簡報工作中的現場檢查 ⋯⋯⋯⋯⋯⋯⋯⋯216
6、簡報文稿檢查 ⋯⋯⋯⋯⋯⋯⋯⋯⋯⋯⋯⋯220
7、突發事件處理 ⋯⋯⋯⋯⋯⋯⋯⋯⋯⋯⋯⋯221

第九章　進入簡報會議室 / 225
1、良好的開頭 ⋯⋯⋯⋯⋯⋯⋯⋯⋯⋯⋯⋯⋯225
2、站在聽眾的角度 ⋯⋯⋯⋯⋯⋯⋯⋯⋯⋯⋯228
3、輕鬆講故事 ⋯⋯⋯⋯⋯⋯⋯⋯⋯⋯⋯⋯⋯229
4、注重著裝 ⋯⋯⋯⋯⋯⋯⋯⋯⋯⋯⋯⋯⋯⋯231
5、你的站立位置 ⋯⋯⋯⋯⋯⋯⋯⋯⋯⋯⋯⋯232
6、肢體語言 ⋯⋯⋯⋯⋯⋯⋯⋯⋯⋯⋯⋯⋯⋯235
7、適度的善用幽默 ⋯⋯⋯⋯⋯⋯⋯⋯⋯⋯⋯241

第十章　進行簡報 / 245
1、事先要安置設備 ⋯⋯⋯⋯⋯⋯⋯⋯⋯⋯⋯245
2、要充滿信心 ⋯⋯⋯⋯⋯⋯⋯⋯⋯⋯⋯⋯⋯251
3、要滿懷熱誠 ⋯⋯⋯⋯⋯⋯⋯⋯⋯⋯⋯⋯⋯253

4、圖表要生動醒目 ··· 254

5、為你的觀眾著想 ··· 257

6、簡報者的應用作法 ··· 260

第十一章　簡報者的說話技巧 / 264

1、拿出你的自信 ··· 264

2、適度的應用肢體語言 ····································· 266

3、運用講話技巧 ··· 267

4、語調與節奏 ··· 271

5、學會講故事 ··· 274

6、善於用幽默 ··· 276

7、控制你的情緒 ··· 277

第十二章　在簡報會場的問題互動技巧 / 279

1、聚焦觀眾 ··· 279

2、懂得提問技巧 ··· 281

3、簡報者要懂得分析結論 ··································· 283

4、準備聽眾名單 ··· 284

5、傾聽的眼神 ··· 286

6、問題解答 ··· 289

第十三章　跨國文化的「客戶簡報」工作 / 291

1、瞭解跨國文化區域的簡報工作 ··························· 291

2、完善跨國的簡報設備工作 ································· 296

第 一 章

先要確定你的簡報目標

如果客戶請你做一個簡報，介紹你所從事的項目。

客戶與你討論簡報細節的過程中，由於你的客戶意識到這是一個非常重要的會議，為你安排了 3 個小時的簡報時間。

現在你開始著手準備這 3 個小時的簡報。能夠打發 3 個小時的幻燈片堆起來大概會有 1 英尺高。當你搖搖晃晃地抱著 1 英尺高的幻燈片來到會議室，把它們堆放在會議室的桌子上時，你的客戶卻突然說，非常抱歉，我說過給你 3 個小時的時間作簡報，但現在有意外情況發生，我們只能給你安排 2 分鐘的時間簡報。

不論你要做的簡報有多複雜，用 2 分鐘的時間概括說明一下它的內容並不是不可能的，電視廣告就是這樣做的。

把你的信息寫下來，放在一個引人注目的地方，然後由此開始展開簡報的情節輪廓。把它與你的目標——你希望觀眾如何看待這一信息——合為整體，這會有助於使你的精力集中到確保簡報取得成功上。

　　如果時間只有一分鐘，應該是這樣做：開始簡報時，你說，「如果今天只是給我一分鐘的時間，那麼下面這些是我希望你們從我的簡報中得到的……」然後告訴他們你的信息。這樣做一下轉換，「所幸的是你們給了我 3 個小時，那麼在下面的 2 小時 59 分鐘的時間內，我將向你們展示所有的內容。」

　　使用這種方法，你可能沒有必要再用長達 2 小時 59 分時間去做餘下的簡報。考慮到你為簡報所做的準備工作那麼充分、全面，你可能不會贊同這樣做。不過，換位思考一下，站在觀眾的立場想，你可以設想一下你的觀眾會對你的做法多麼歡迎。如果你經常使用這種方法，減少簡報時間，把節約下來的其他時間用來回答聽眾的問題，那麼就會提早一些結束簡報，也就不再會有觀眾抱怨時間長了。

1 確定你的簡報目標

　　清晰的目標，可以讓人事半功倍；模糊的目標，只能讓人事倍功半。簡報也一樣，要想讓自己的簡報獲得成功，明確簡報目標就是第一步。

　　在你進行簡報時，你應該告訴聽眾一個為什麼要耐著性子聽完的理由，讓他們感覺到你的簡報是絕對必需的。你的工作需要得到他們的同意且使他們樂於接受，否則你的簡報可能會進行不下去。

你必須與他們協商一致達成認真聽完的協議，從而獲得聽眾的支持，否則你可能根本就不能運作下去。你需要借助於他們的深刻見解和洞察力、他們在組織機構中的地位、在所討論的問題涉及的領域內的閱歷等等，所有這些對你的簡報有幫助。不這樣做就說明你非常盲目，且傲慢自大。

這就是定義目標的全部內容。一個好的定義目標的方法就是用一句話來記述表達，你想要聽眾在聽了你的簡報之後該做什麼或者思考什麼。

對商業簡報或演講你應進行研究、採訪、分析工作，你要 24 小時連續不斷地研究、分析，從而得到將要在簡報中給觀眾提出的建議。

你必須回答下面這些問題：

· 為什麼要做這次簡報？

· 我要得到什麼效果？

· 想透過簡報去說服誰？

· 簡報需要用多長時間？

· 選擇那一種媒介能把簡報做得最好？

一個定義清晰的目標擁有巨大的價值

· 這一目標可以幫助你判斷是否真正需要進行簡報。也許你可以花時間去做更有意義的事，況且並沒有人有耐心去聽不必要的簡報。應審慎斟酌、思考你的目標。假如你透過打電話就能達到這樣的目的，那麼就沒有必要進行這樣的簡報。如果你只需透過寫出一個簡要的備忘錄就能達到目的，也同樣不要進行簡報。在你進行簡報之前，你要確信能使所有的聽

眾在同一時間聽取同樣的信息、能夠回答他們所有的問題、給予他們充分的機會來交換意見，從而就接下來應採取的措施達成一致。這是你達到預定目標的最好辦法。總而言之，表述出明確的目標能幫助你制訂出溝通的策略。

· 它能幫助聽眾集中精神和注意力。把目標表述清楚能夠使聽眾把注意力集中到你的簡報上，從而聽眾也能更合理地分配他們的精力。

· 它帶領你從考慮「我應該要聽眾聽什麼，看什麼？」轉移到「為了實現這一目標，我的聽眾應該聽什麼和看什麼？」也就是說，考慮你的目標時，不是從你的立場來考慮你的目標，而是從聽眾的立場來考慮你的目標。換位思考他們需要看到和聽到什麼，他們才會同意你要他們做的事情。

· 能否實現你的目標是檢驗你的簡報是否取得成功的唯一標準。如果你沒有把你的目標表達得足夠清楚，你就沒有辦法，沒有標準去評判你的簡報效果同你所付出的努力是否相稱。如果人們說你是一個偉大的演說家，或者說你的形象氣質很好，這當然很好，但是，這仍然無法證明你花在簡報上的時間和作出的努力與你取得的結果是相稱的。

籌劃簡報時沒有明確的目標，就像無的放矢，那樣只能是一團糟，而且沒有功效。

明確的目標能隨時提醒你，在特定的時間、對於特定的聽眾，你應該做什麼或能做到什麼。因此在你決定簡報的主題以及選擇如何表述內容之前，一定要用一句話寫下你的目標。

「你為什麼做簡報？」

如果用這樣的問題詢問一個簡報者,也許一百個人會有一百種答案,如「為了獲得資金支援」、「為了取得競標的成功」、「為了讓聽眾更好地接受知識」等等。其實。無論簡報者出於何種目的,簡報要達成的結果只能是一個,那就是,「讓別人接受自己的觀點」。

1. 如何達成簡報目標

對於一個簡報者來說,只有你的聽眾接受你、認同你,你才能完成任務、達成目標。

對於聽眾來說,除非你能提供他迫切想要的東西,否則是沒有人願意來聽簡報的,因為沒有人願意毫無理由地接受別人的觀點。所以,作為一個簡報者,要想達成簡報目標,必須從聽眾的角度考慮,注意以下幾個事項。

⑴一切以聽眾為中心

對於一場簡報來說,目的只有一個,讓你的聽眾接受你的觀點。所以,你說的是什麼並不重要,重要的是你的聽眾聽到了什麼。如果說,要為你的簡報設定一個圓心,然後以這個圓心為中心向外擴展的話,那麼,這個圓心只能是你的聽眾,而不是其他。

有些簡報者總是為外在的假像所迷惑。他們認為,對於一場簡報來說,站在舞台中心的人才是主角。那個人是誰?當然是簡報者。正因為如此,很多簡報者理所當然地把自己當成主角,進而在簡報中喋喋不休地講述自己或者自己的組織。倒不是說這些內容不能講,而是要儘量簡潔,因為真正的中心並不是作為簡報者的你,而是你的聽眾。你簡報的成果、目標的完成程度,最終的決定權都在聽眾的手裏。即「簡報者是為自己的聽眾服務的」。

既然簡報者要為聽眾服務,那麼,簡報就一定要具有針對性。

同樣一份簡報稿，當聽眾發生改變了，簡報內容和重點就必須做出相應的調整。

例如同樣是一門商務禮儀的課程，對物業服務人員進行講解的內容就不能與對航空公司服務人員講解的相同，簡報者必須因時因地做出相應的調整。除了內容本身的調整之外，還可以在一些細節上做出調整，以使聽眾產生親近的感覺，例如簡報者可以在幻燈片中加入聽眾所在企業的名稱或標誌，也可以針對大部份聽眾的特點，選擇一些有針對性的討論題目等。

(2)刺激聽眾的「胃口」

一場不能刺激聽眾「胃口」的簡報，註定是失敗的簡報。對於一個簡報者來說，引導聽眾的興趣是最為關鍵的，同時，還要時刻謹記「簡報所要達成的目標」。簡報者在簡報過程中做的所有工作都是為簡報目標服務的，簡報者不能為了討好聽眾、吸引聽眾的注意力而故意做一些與簡報無關的工作。

例如，在簡報過程中，適當的「跑題」或者「幽默」可以引起聽眾的興趣，但如果「跑題太遠」或「幽默過頭」，都會讓簡報效果大打折扣。

在簡報過程中，為了增強與聽眾的互動，簡報者會加入一些提問與討論的環節，但有時在討論過程中就會出現「跑題」，而且「越跑越遠」。這時，簡報者就需要及時採取有效措施，將聽眾關注的焦點轉移到簡報上來。

(3)不要只關注幻燈片

簡報者存在的價值就是讓聽眾關注於簡報內容。對於信息接收者來說，同一段信息由不同的人表達，其效果是不一樣的。一個富

有激情的簡報者是任何先進設備都無法代替的。如果一個簡報者只對照幻燈片照本宣科，也是聽眾所不能接受的。因為對於一個聽眾來說，與其這樣耗時聽簡報，還不如直接看一段錄影或者看一張光碟更實惠。

一些簡報者為了節約時間，口若懸河、滔滔不絕，總是想用最短的時間將幻燈片上的信息傳達給聽眾，可結果卻因聽眾來不及消化、整理而使整個簡報效果大打折扣。

⑷不要對聽眾有敵意

在市場行銷領域有這樣一句話：「挑剔的顧客，才是真正的顧客。」同樣，在一場簡報中，及時發問的聽眾，才是真正的聽眾。如果一場簡報下來，所有聽眾沒有一個問題，那只能證明簡報是失敗的。

2.多長時間達成目標

任何目標的達成都需要一定的時限，簡報也不例外。那麼，最合理的簡報時間是多少呢？通常情況下，這並不是由簡報者所決定的，都是預先由他人或組織設定好的。如果一定要有明確說法的話，應該是越短越好！能用 30 秒講完的，絕不用一分鐘。

一般來說，人能夠集中精神在某一件事上的時間也是有限的，當然這也取決於你所簡報的內容以及簡報的效果。看一部自己喜愛的電影，也許 90 分鐘也不覺得長；如果讓你看一段自己不喜歡的廣告，也許僅僅兩三分鐘，就會讓你感到頭痛了。所以，在儘量保證簡報有價值與趣味的同時，要保證所花費時間的最少化。

對於一場簡報來說，可以採用以下幾種方法，縮短簡報所需時間，提升簡報效果。

(1)提前發放相關資料

對於一些重要的簡報，為了保證簡報者可以在簡報過程中集中主要時間講解最核心的內容，可以將與簡報相關的材料提前發放給聽眾，並且將其中的重點內容進行標示，這樣比較有利於整個簡報進程的推進。但要確認一點，就是簡報者不能簡單地重覆材料上的內容，否則，聽眾就沒有聽下去的理由了。

這裏有一個問題還需要提醒一下：要保證在簡報開始前就將材料分發到聽眾手中。如果簡報開始後才發材料，聽眾那段時間的注意力就會從簡報者身上轉移到材料上。

(2)合理安排簡報順序

簡報者在安排簡報順序時，應儘量考慮內容的重要程度。在不影響整體連續性的前提下，儘量將重要內容前移，這樣做有兩個目的：一是保證重要內容有充分時間講解；二是簡報的前一階段聽眾往往精力比較集中，便於其理解吸收。

(3)讓沒有問題的聽眾離場

在簡報時，經常會出現很多聽眾在簡報完畢後還有一堆問題要問的情況，如果簡報者沒有散場的表示，其他的聽眾就會認為還有其他內容而繼續等待。這時，簡報者可以說「主要內容已經簡報完畢，有事的人可以先離開會場了」之類的話。這樣，有事的人就會選擇離開，剩下的都是自願留下的，時間就會變得很寬裕了。

2 確定你想要說服的對象

　　如果你所使用的視覺教材是由專業人士或公司內的設計部門負責製作,你仍然是整個製作過程的『指揮者』,因為只有你最熟悉演講內容和聽眾對象。而且參與整個設計過程,瞭解設計基本知識,對教材內容只有好處沒有壞處,也愈能設計出豐富演講的生動教材。

　　但在進行任何一個步驟之前,也就是在還沒有動手設計前,你應該先進行『聽眾背景分析』。

　　所謂『聽眾背景分析』是指在進行一場演講之前,必須先瞭解這場演講的聽眾是哪些人?

　　例如聽眾可能是中階主管,教育程度在大專以上,年齡平均在卅五至五十歲之間,男女各半,他們希望能多獲得一些可運用在工作上的專業技能。

　　向銀行家講述銀行業的技術,與向小學生講解這些技術所得到的效果是不一樣的。同理,向高級管理人員講述提高銷售能力的效力與向銷售人員作這樣的講解也是不同的。所以,重要步驟之一,就是分析你的聽眾。

　　分析你的聽眾不僅僅是說能夠瞭解你的聽眾就可。當然,你要知道聽眾中每個人的姓名和頭銜。你還要知道將會有多少人出席簡

報會。可是，分析聽眾的含義，主要是指你將讓你的聽眾以何種方式聽到、理解和贊同你所簡報的主題。它意味著你期待聽眾對你的主題做出積極的反應。在這些問題中你要切實認真思考的問題是：

1. 誰是決策人？

在所有簡報的聽眾中，都會有一部份聽眾對你所講的主題瞭解很多，而另外一部份聽眾卻瞭解很少；有一些聽眾會與你產生共鳴，而另外一些則可能完全無動於衷。

如果你打算使你的簡報能滿足所有聽眾的需要，那麼你的簡報效果就會大打折扣，因為你所提供的信息對於某些人來說實在是太多了，但可能對另外一些人來說則還遠遠不夠，特別不應該的是打算支援你想法的聽眾的需求也不能得到滿足。

對於你想要完成的目標，誰是處於說「是」或者說「不是」這個最關鍵位置的決策者？可能是一個人，也許是兩個或者是三個人。

能拍板決定對你的新產品創意進行投資的人是誰？誰掌握著告知你開始執行計劃的權利？又是誰管理財務？你要透過你的簡報來滿足以上這些人的需求。這不是說你因此可以不尊重、忽視聽眾中的其他成員了，而是要你集中精力關注、突出那些決策者最需要聽到的和看到的內容，從而讓他們贊同你的目標。

2. 他對簡報材料的熟悉程度如何？

既不能低估了你的聽眾的智力，也不要過高估計他們對簡報相關資料的瞭解程度。他們像你一樣瞭解簡報涉及的有關知識嗎？你能使用他們的語言，他們的專業用語嗎？如果不是這樣，你就必須尊重、服從他們的理解水準，從而讓他們的理解可以跟上簡報。這

可能意味著，有時在簡報之前需要向觀眾展示一些背景輔助材料信息；而在另外一些時候，則需要在簡報中花費很多時間來跟聽眾討論並不熟悉的資料。

3.他的興趣如何？

毋庸置疑，你是很在意這個問題的。因為在這一主題上，你已花費了數天、數週甚至數月的時間。為了籌備簡報素材並且進行排練，你經常徹夜不眠。聽眾會像你一樣把這個主題放在心裏嗎？如果是這樣，那是最理想的，那麼你可以直接去處理有關主題的工作。如果不是，那麼你就要盡可能快地激發他們對於該主題的興趣，緊緊抓住他們的注意力，把他們的注意力從他們對電子郵件、語音信箱、郵遞郵件以及其他諸如此類的事情的期待上吸引過來。

4.簡報主題對他有什麼利害關係？

如果聽眾同意你的建議，他們會得到什麼？又會失去什麼？

一般情況下，當你簡報出的是事實時，有頭腦的人會做出相應理智的決定。而實際上真正的情況是，在人們做出決定時經常會受感情的左右，不一定能理智地做出正確決定。

例如，拿戒掉抽煙習慣這件事為例。經過這麼多年，聽過許多從不同角度勸說戒煙的簡報。主題都一樣，但說法做法不同。所有的簡報都是簡單易懂、邏輯性很強。但沒有一次能夠說服我停止抽煙。你看下面這些勸說：

從財務角度勸說的簡報。「你能算出一天一包煙要花掉你多少錢嗎？在這張試算表上，我幫你算出了你用在抽煙土的花銷。如果你停止抽煙，到年底，用這些省下的錢夠你買一副品質極好的網球拍，那可是你夢寐以求的。」這經濟賬算得的確很有意義，但卻未

能使我停止抽煙。

簡報：「我製作出一幅活生生的黑白圖片，我將在 20 平方英尺的螢幕上向 3000 人顯示你的肺部造影，讓大家看看你所吸入的焦油是如何侵蝕你的肺部組織的。」具有強大說服力的圖片，但卻沒有說服我停止抽煙。

警戒性的簡報。醫生說：「事實就是這樣簡單，如果你繼續抽下去，你會死掉。」這話說得很恐怖，不過，也沒有能說服我讓我停止抽煙。

具有人情味的簡報。「爸爸」，我的女兒苦苦哀求我說，「我們不願失去你。」啊！那次使我停止了抽煙——大約停止了 20 分鐘吧。關鍵一點在於，有些時候，並不是只要有一個好的理由就可以讓聽眾下定決心聽從你，而是要勸戒聽眾，讓他們克服對必須做出的理智變化產生的抵禦心理。我經常會說：我不在乎變化本身，但是卻討厭變化的過程。我知道如何應對由吸煙帶來的麻煩的方法，但我卻不知道如何應對因停止吸煙而困擾我的問題，好比，舉個例子來說，會產生體重增加的新問題。對付老問題總是比較容易些的吧！

好！聽到了你的問題：「怎樣做會讓我停止吸煙呢？」

一段時間以來，在你的簡報中、文章中，你在電視和廣播裏的簡報中都有一大堆觀點，再加上社會壓力都限定、約束我何時、何地可以或不可以抽煙。正是這些因素綜合在一起，再加上我心理上已經做好了準備接受戒煙建議，我就停止抽煙了。

在商業世界裏的情形，也是如此。你不能老是設想聽眾只是在聽了一次簡報之後，就馬上理智地按照你要求的去做。你可能需要

判斷聽眾內心深處的變化，確定聽眾是否已做好接受你的建議的心理準備。如果答案是否定的，那麼你或許應該重新審視你的溝通策略。你可能需要做一系列的簡報來一步一步地提出你的觀點。你還可能需要同決策者們舉行一系列會議來討論話題、確定商討的範圍，一直到你確信簡報達到了預期的效果。

5.他的態度是什麼？他是反對還是贊同你的建議？

在聽了你的簡報之後，你的聽眾聽了你要求他們做什麼，不會因此而高興地跳起來。因此，在簡報結束提出你的建議之前，你就應該耐心地組織語句構造你的簡報。

6.他如何理解你簡報的資料？

他們更喜歡數字還是更喜歡圖表？他們是不是色盲？他們「吸取」視覺簡報嗎？這也就是說，在比您閱讀完本章節還要少的時間之內，對於那些違反樸素易懂規則的簡報，他們能否理解並抓住本質的內容？

對於聽眾具有的所有成見和奇怪習慣(諸如「我不喜歡光彩絢麗的幻燈片」、「我不喜歡褐色」等等)，你很難完全預見到。不過，如果你能再深入一步做工作，在簡報之前，就同以前給這些聽眾做過簡報的同事溝通一下，然後在聽眾中選幾個人試聽一下你所簡報的素材，與決策者的親近朋友預先單獨討論一下——你就會發現應該如何預先做好應對問題的準備。

3 有多少人會來聽簡報

準備簡報時，首要做的事情之一就是要弄清楚有多少人會到場。這個數字在很大程度上決定了你所做簡報的類型。

把簡報分為 3 類。有的簡報適合面向 1～2 人，有的適合面向 3～10 人，還有一類簡報適合面向 10～20 人。

一對一或一對二的簡報通常比較隨意，也很輕鬆。一般來說不需要做 PowerPoint 電腦軟體文件。

面向 3～10 人的簡報通常需要使用 PowerPoint 電腦軟體，還要分發印刷資料。（注意：不要在做簡報之前發放資料，否則，聽眾會在你講的時候看資料。）

聽眾人數較多時，會需要使用 PowerPoint 電腦軟體。如果簡報涉及的數字或數據比較多，你就應該提前分發印刷資料。但聽眾越多，製作面面俱到的簡報就越難，因為無法確定的因素太多了。聽眾裏面還會有你從未見過面的人（還可能是最終決策者），這些聽眾也許根本不瞭解你的產品，也不會那麼急切地想與你合作。

分析你面對簡報聽眾特色

簡報的中心是聽眾。如果把簡報者當成一個推銷員的話,那聽眾無疑就是目標客戶了。對於推銷員來說,要進行一次成功的銷售,分析自己的客戶是必不可少的;同樣,對於簡報者來說,要想進行一次成功的簡報,分析自己所面對的聽眾也是不可或缺的。

1. 聽眾具有什麼特點

由於簡報的目的以及簡報的內容千差萬別,因此,簡報的聽眾也是各不相同的,每一場簡報都會指向一群特定的聽眾。一般情況下,共同聽一場簡報的聽眾具有以下三個特點。

(1)數量眾多

每一場簡報的聽眾少則七八個人,多則幾十人、上百人乃至更多。所以,簡報者要適時根據人數的變化調整自己的演說語氣、節奏等,以保證達到一個理想的簡報效果,即最前排的聽眾不會有刺耳的感覺,而最後排的聽眾也能夠真切聽到簡報者的聲音。

由於一些簡報的聽眾人數較多、場地較大,簡報者不得不借助一些擴音設備來保證自己簡報的效果。在使用擴音設備時,也要注意兩點:一是所有設備必須提前準備就緒,不能現場再進行調試;二是要保證自己的聲音效果,不能有聲音失真的情況。

(2)水準參差不齊

隨著聽眾人數的增多，聽眾的知識水準分化也會變得非常嚴重。這種分化不僅僅是知識水準的高低，也包括所從事專業的不同，例如你的聽眾裏有的是銷售出身，有的是技術出身等等。所以，作為簡報者一定要瞭解自己聽眾的構成，以做到心中有數。

為了確保簡報的成功，簡報者在簡報過程中必須善於抓主要矛盾。這裏的主要矛盾有兩類：一是抓重要聽眾，一場簡報中可能會有成百上千的聽眾，而掌握決策權的則可能是其中極少數的幾個人，所以，簡報者只要抓住這幾個重要聽眾，就能起到事半功倍的效果；二是抓大多數聽眾，有時在一場簡報中，聽眾沒有主次之分，這時就需要站在大多數聽眾的角度考慮問題，安排簡報活動。

(3)具有同一目的性

無論是何種簡報，坐在台下的聽眾往往都是有著相同的目標的，而這一目標又與簡報者進行簡報的目的相統一。既然這麼多的聽眾能夠用這麼長的時間來聽簡報，就肯定希望有所收穫，而這也正是簡報者所希望的（個別被動參與的以及另有目的的聽眾不在討論之列，因為這些人對於簡報的成敗並不具有決定性作用）。

這種目的性的統一，要求簡報者在簡報過程中要時時圍繞簡報的中心目標進行簡報，不能有任何的偏離。

2.誰是你的重要聽眾

對於簡報者來說，找出自己的重要聽眾的意義，絕不亞於一個銷售人員發現一個大客戶。如果一個簡報者簡報了半天連誰是自己的重要聽眾都不知道，就如同一個銷售人員對著一群本不需要產品的人大力宣傳產品一樣，結果只能是「勞而無功」。事實上，簡報

者要與所有聽眾產生共鳴或達成統一意見是非常困難的,因為聽眾人數太多,需求也是多種多樣的,無論如何也不能滿足所有人的胃口。

前面在分析聽眾特點時,已經提出了要抓主要矛盾,在簡報過程中,簡報者就要學會抓最重要的聽眾。這部份聽眾雖然人數不是最多的,但往往具有重要的決定作用。

那麼在一場簡報中,如何尋找重要聽眾呢?一般可透過如下幾種方法。

(1)直接詢問

簡報者可以透過與接待者或者聽眾的溝通,詢問並判斷與簡報內容相關的負責人、決策者,以確定本次簡報的重要聽眾。

(2)對口判斷

一般來說,專業性比較強的簡報,聽眾中相對口的專業人員往往具有很大程度的決策權或決策建議權。而作為簡報者,必須照顧這部份人的感受。例如你的簡報主要是建議一家企業安裝財務軟體,那麼這個公司的財務負責人以及相關的財務管理人員就具有很大程度的決策權,這時就必須保證你的簡報能夠滿足他們的需要。

(3)尋找問題最多者

在一場簡報中,如果某一位聽眾的問題較多,不僅細緻而且還相對專業,那麼就可以確認此人可能會對簡報的結果起重要的作用。因為,與簡報無關的人是不可能如此認真聽簡報,並且有很多問題的,還是那句話,「挑剔的顧客,才是真顧客。」

3.如何獲得聽眾支持

簡報離不開聽眾,所以,簡報者唯一的選擇就是站在聽眾的角

度考慮問題，而不是與聽眾對立。作為一名簡報者，要做的就是消除與聽眾的隔閡，獲取聽眾的支持。

(1)與聽眾互動

簡報者可以透過自我介紹、提問以及討論等方式，讓更多的聽眾參與到簡報過程當中，這樣就能夠使聽眾更好地接觸簡報、感受簡報。但在互動時應注意兩點：一是簡報者要盡可能多地記住聽眾的名字，然後與其交流時要提到他們的名字；二是在保證問題不過於開放的同時，也不要問只需簡單回答「是」與「不是」之類的問題。

(2)將決定權留給聽眾

簡報者在簡報過程中，可以設計若干個現場選擇的環節，讓聽眾決定下一步進行的內容，使聽眾獲得「決策」的滿足感。在這裏簡報者有兩點需要注意：一是不能設置過多的選項，否則就會為自己增加額外的準備工作；二是儘量要讓更多的聽眾參與進來。

(3)委婉提出建議

一般情況下，在簡報即將結束時，簡報者都會為聽眾提出一些希望或意見。這時，簡報者應該注意組織好語句，儘量少用「建議」、「要求」之類的詞語。因為當聽眾聽到了簡報者要求他們做什麼的時候，就會立刻產生反感。

儘管人人都說「忠言逆耳利於行，良藥苦口利於病」，但人在很多時候還是願意聽一些順耳的話的。所以說，一個簡報者，就是要能夠把「忠言」說得「順耳」一些。

4.聽眾會問什麼問題

簡報者在簡報內容完成之後，都會為聽眾預留一些提問的時

間，以強化簡報的效果。這些問題主要包括以下兩類。

(1)針對簡報內容的問題

幾乎每次簡報結束時，都會有一些聽眾對簡報過程中一些簡報者講解不夠透徹或者不到位的地方提出疑問，以求得簡報者的解答。對於簡報者來說，這個時候往往是強化簡報內容、使聽眾更好地瞭解簡報的機會。此時，簡報者一定要細心地給予解答，同時還要對簡報過程中一些相關的重要內容進行重覆講解。

(2)聯繫自身產生的疑問

簡報是為了讓聽眾接受一種觀點，而聽眾在接收觀點的同時，一定會與自身的實際情況相聯繫，這就不可避免會導致一些疑問的產生。簡報者在回答這類問題時要把握兩個原則：一是用換位思考的方法，站在聽眾立場上重新考慮聽眾所提出的問題；二是從簡報的內容出發，提出具體的問題解決方案。

上面兩類問題有一個共同點，就是都要求簡報者對自己所簡報的內容非常熟悉、非常瞭解，只有這樣才能不被聽眾的問題所難倒。

心得欄 _____

_____

_____

_____

_____

5 他們的身份是誰

在弄清楚有多少人會出席簡報的同時，還要知道他們都是誰。如果你和潛在客戶的關係融洽牢靠，就問問他為什麼要選擇這些人來出席。如果你做這些感到遊刃有餘，那就試著弄清楚他們都有什麼想法，看看他們是否知道簡報的內容呢。如果能接近他們，那就最好不過。你可以這樣措辭：「我想我應該給他們打個電話，讓他們熟悉一下我要講的內容。」

這麼做當然是為了讓聽眾為會議做好準備，與那些已經跟你談過話的人達到同一水準。如果你能做到這一點，聽眾就不會一分為二。你不能回到前面把談過的內容再說一遍，因為那樣會讓聽過的人感到厭煩。同時，你也不能全講新的，讓一部份人（特別是權威人士）跟不上。

因此，你得給他們打電話。這時要問問能否給他們寄一些資料。「順便問問，艾文提起過我嗎？沒有啊？哦，那請允許我很快地跟你講一下，因為我覺得這個項目非常有意思。」

如果他回答說聽說過了，你也不要認為他真的知道你所做的一切，他可能什麼都不知道。你可以問問他你能不能告訴他最新的情況。你必須要引起對方的興趣，因為如果他不參與進來的話，就算跟他沾邊，他也不太可能感覺到你的想法他也有份。即使你想辦法

跟這些人聯繫了，這也只是朝正確方向邁出了一步。他們的興趣越大越好。

對於出席人數比較多的簡報，還有一點也非常重要，那就是：不能獨自一人做。公司安排了這麼多人來聽你的簡報，從心理學的角度來說，你也必須投入人力。如果出席的人數在 10 人以上，至少要有 3 個人——你和另外兩個人——代表你的公司來共同做簡報，而且另外兩人不能坐在那裏一動不動，他們必須參與進來。

規模大小不是決定簡報類型的唯一因素。你的簡報越複雜，你越要使用視覺教具。如果你的簡報涉及很多圖表或者數字，你就必須要使用視覺教具。可以選擇使用多媒體、投影儀、活動掛圖或者白板圖，使用那種方式由室內人數而定。請記住，不是每個人都喜歡直觀的方式，但視覺教具沒有壞處，它們有助於人們理解你的意思。

但關鍵是，你不能為了使用視覺教具而使用視覺教具。視覺教具是實用性的，也就是說，你應該讓視覺教具服務於你。如果它們起不到這個效果——它們不能讓你的意思表達得更清楚，不能對你的簡報有所幫助——用它們就是浪費時間。

最後，如果你的聽眾是一兩個人，你可能很容易跟他們取得聯繫，聽眾多的話就別指望了。由於公司裏的人互相熟悉，他們會後會聚集在一起對你的簡報進行評論，這是這種會議最令人沮喪的結果之一了。那麼，你至少在結束會議後有一個嚴格的行動計劃，告訴他們你明天還會過來或跟他們聯繫，解答他們的疑問。

如果出席簡報的人裏面有人是已經與你交談過的，你就很清楚他們是否支持你。如果你不認識這些人，最好和他們取得聯繫，弄

清楚他們都是誰，他們為什麼要參加簡報，他們在最後的決策環節會扮演什麼樣的角色。從你跟他們的聯繫，你大概可以得知他們對於現狀的態度——是打算有所變動呢，還是繼續和原來的供應商合作？

6 簡報主題是否恰當

簡報主題是一場簡報的靈魂，如果簡報主題選擇不當，不僅起不到預期的作用，還可能引起聽眾的抵觸心理。

1. 選擇聽眾認可的主題

簡報者在簡報前應該清楚簡報的主題與聽眾的關係。也就是說，要弄清楚聽眾對自己的簡報主題持什麼樣的態度。如果聽眾從心裏反感這場簡報的主題，那麼，這次簡報十有八九都不會成功。

簡報者要想選擇聽眾能夠接受的主題，就需要在簡報之前對聽眾所面對的情況有一定的認識。盲目地開展簡報，不僅不能夠獲得聽眾的認可，還可能會適得其反。

2. 選擇具有可行性的主題

簡報者除了考慮選擇的主題能否獲得聽眾認可外，還需要考慮這一主題是不是第一次在這些聽眾面前出現。如果是，還要仔細分析原因：為什麼以前從沒有人提起？難道聽眾裏就沒人發現這個問題？既然這個主題具有極大的可行性，為什麼到現在都沒有行動？

決定簡報的目標

1. 是誰要你做這個簡報的？(Who)
2. 什麼時間、在何處進行？(When and Where)
3. 你的簡報部分是獨立抑或大型簡報的一部分？(如果是大型簡報的一部分，之前為何？之後又為何？)
4. 你個人對主題瞭解程度如何？
5. 此簡報宜重技術面，理論或者實務。
6. 你為什麼要做這個簡報(Why)

分析聽眾

1. 他們對主題瞭解多少？
2. 他們對主題的態度如何？(敵意？同意？)
3. 他們為什麼參加你的簡報/會議？(自願？指派？)
4. 對於你所要講的，他們的『語彙』程度如何？
5. 他們是否胸懷開放(渴望？普通？抗拒？)
6. 有那些簡報技巧可以獲取其注意力？
7. 有那些簡報技巧會適得其反，造成不良效果？

分析簡報者的背景

一、聽眾特徵

1. 位高權重者較難被說服，除非說服者亦富盛名

2. 自視甚高的人較難以說服

3. 積極進取的人較難說服，但如果訊息中鼓勵進取向上，則亦較易說服他。

4. 女人比男人容易被說服

5. 越執著的態度越難改變

6. 如果一個人對某團體有歸屬感，則較易被此團體影響。

二、簡報對象評估表

1. 簡報對像是誰？

① 高階層管理人員

② 中階層管理人員

③ 職位相等的同事

④ 顧客

⑤ 社會大眾

2. 他們對簡報主題的瞭解程度如何？

① 非常瞭解

② 普通瞭解

③ 一點也不瞭解

④以上皆非

3.他們對新構想或提案的接納程度如何？

①很願意接納

②態度保留(「我們再看看」)

③抗拒

④以上皆有

4.採納你的構想對他們有好處嗎？

①很有好處

②普通

③一點好處也沒有

④我可以說服他們

5.那一種型式的簡報最適合這群聽眾？

①非常正式

②非常專門(與專業技術相關)

③根據統計數字

④簡潔

⑤根據成本計算

⑥示範說明

⑦非正式

6.那一種型式的輔助器材最能幫助他們瞭解簡報內容？

①圖表幻燈片

②文字圖表

③電視/電影

④投影片（投影機）

⑤黑板

⑥講義

⑦16 釐米影片

心得欄

第 二 章

選擇你的簡報媒介

　　要選擇那些在任何特殊的簡報環境都可以使用，且安裝架設起來也很容易的裝備，那將是最為理想的媒介。它在或大或小的房間內，在室光下都應該是可以使用的。它的光源應永遠不會被燒壞。它應該是可以憑藉視頻設備，利用原來的任何尺寸的原件都可以複製的直觀教具，這些直觀教具成本低廉、易於改裝而且可以使用任何現有複製設備去製作。這些直觀教具色彩鮮豔，光亮強烈或者是呈現黑白明顯對比，無論有多少聽眾，從 1 人到 1000 個人都可以看得清。

　　採用何種方式簡報、借助什麼工具簡報都會對簡報的效果產生重要影響。也就是說，除了簡報者外，還有很多其他客觀條件制約了簡報的效果。同樣，簡報方式不同，制約的條件也會各不相同。

　　常見的簡報類型包括演講式簡報、討論會式簡報、遠端視頻式簡報等，每一種簡報方式都有各自的優缺點。對於一名簡報者來說，提前準備好一些輔助教具、設備會使簡報更容易獲得成功。

1 傳統的站立式簡報法

從下面這種場景開始，你在屋子前面，站在一個螢幕或畫架的旁邊，聽眾都在這房間裏面。

電腦顯示器簡報可以在很多場合用來為聽眾提供講解。下面是有關這種技術所帶來的切實可行的簡報內容，透過列出的每種方法，你都能聯想到可以做到的事情，進而提升你簡報的技術層次。

總而言之，給人留下深刻印象的一系列電腦技術對你簡報成功具有重要意義。然而，正如你應該想到的那樣，它們同時都具有正面和負面的效果。

可以肯定的是，錄影、聲音、動畫或特殊效果的使用會使交流變得更為生動，相對於單調乏味的圖表和文字來說，這種簡報能使人印象更為深刻。

在螢幕上使用的簡報技術最突出的優勢之一是，在簡報過程中，或者當你處在從一個簡報地點趕往另一個簡報地點的間斷時段期間，可以趁機修改直觀教具的內容，根據臨時需要及時增加內容或對視覺化效果進行修改。

因為使用這些電腦技術的簡報能夠增加非線性的內容，從而使得簡報變得能透過不同方式更加機動靈活，進一步適應不同聽眾的諸多需求。這樣你從一開始就對一個準備接受的聽眾輕鬆自如地提

出你的建議，而對於那些抱有抵觸心理的聽眾，等到在最後要結束時才謹慎地提出你的建議。

不利的因素在於，這些設備不是那麼容易連接在一起。嘗試將筆記本電腦連接到 LCD 投影儀上，並都連接上電源，再把這些設備都按照順序連接好，等等許多此類的事，這是對一個人耐心的最大考驗。

動畫、漸隱、掃出(入)、移動箭頭以及許多此類技術的運用，能把你的簡報做得看起來非常巧妙，但同時也會給人以一種印象：覺得你花費工夫、耗費錢財把直觀教具做得那樣花哨，超出了傳遞你的簡報信息的需要——說明你重視外表勝於重視內容，有「花架子」之嫌。當然，這主要看觀眾會怎麼認為。

採用這種簡報的另外一個不利因素是這樣會使得簡報變得更加「視覺化/口語化」，聽眾會將注意焦點更多地集中在螢幕的視覺化效果而不是演講者所講述的內容上。這種效果就好像是演講者在講述他的旅行見聞，而聲音卻從看不到的背景中傳來。

在商業簡報中，特別要注意這一點，演講者是簡報的中心，視覺化效果只是一種輔助工具。這樣，至少應該在簡報的開頭和結尾不使用視覺化效果以及燈光效果，而直接向聽眾講述所要表達的內容。對於聽眾人數在 4 人以上，即使不能確定上限是多少，使用幻燈機最好。

使用這一媒介的最大原因是可以隨意改變使用直觀教具的前後順序。需要的話可以減少一些幻燈片，也可以增加備用幻燈片，還可以在空白的幻燈片上作記錄，以抓住飄忽而至的靈感，這都比使用其他媒介更容易實現。使用這種媒介可以使室內燈光更明亮。

另一方面，這一教具所具有的優點具有很大的機動性，在大多數商業環境的互動式交流中都需要這種機動性。

會議中心和機構都按常規備有幻燈機這些物品，所以它雖然不具備便攜性也不成為一個問題。同時，辦公影印機也降低了製作幻燈片的成本。在另外一方面，得益於電腦顯示技術的發展，幻燈機即將走入歷史。

黑板架或者電子白板對於討論來說較為方便。在互動式會議中，使用黑板或電子白板記錄下討論的主題會讓聽眾產生一種參與感，因此可以使討論變得非常活躍。

你書寫要快速、流利，並且時刻保持板面的簡潔，否則，你大多數時間會是背對聽眾在黑板上書寫，而不是同聽眾交換你的想法。如果只是從易於辨認的角度來考慮，當聽眾人數不超過 15 人時，可以使用這種教具。如果超過 15 人，那就使用投影儀。

心得欄 _____

_____

_____

_____

_____

2 討論會式的簡報法

討論會的簡報法，常在一些學術項目的討論中採用。一般參與人數較少，而且每一與會者都會在參會之前獲得一份相對詳細的講稿，以便在簡報者進行簡報時可以針對要點、重點隨時翻閱、查看。

1. 討論會式簡報的基本要求

討論會式簡報一般需要滿足以下幾項基本要求。

(1)簡報內容需有內涵

由於參與討論會式簡報的聽眾都是比較專業的人士，因此，簡報者在講解的過程中可以少一點兒渲染，直奔主題，而且講解的內容一定要頗具深度，否則，在之後的提問階段就會應接不暇。

(2)簡報場地需要安靜

由於與會人員很少，所以，一般情況下簡報者是不需要使用擴音設備的。這就要求場地不能過於喧嘩，要保持安靜，確保與會人員在比較舒適的環境中討論問題。這也是很多類似的研討會都在一些賓館、酒店召開的原因。

2. 討論會式簡報的優缺點

(1)討論會式簡報的優點

討論會式簡報的優點包括以下兩方面：

‧ 便於深入討論問題。由於討論會式簡報參與人員較少，又都

可以提前拿到講稿，所以，一般問題的討論都是比較充分的，更比較容易統一意見。

· 互動性、參與性強。在互動性方面，討論會式簡報比演講式簡報更強一些，聽眾不僅可以提問，而且還可以獲得與簡報者平等的發表意見的權利。

(2)討論會式簡報的缺點

討論會式簡報的缺點包括以下兩方面：

· 容易分散注意力。由於講稿已經提前發到聽眾手中，因而，有些聽眾會在自己認為不是很重要的地方走神，不專心聽簡報

· 可能會擾亂簡報順序。由於聽眾已經大致知曉簡報者全部的簡報內容，這就很可能導致簡報進行至中途時，在聽眾提問環節，聽眾會問一些還沒有簡報到的問題。這就很可能導致簡報順序顛倒，不利於簡報的正常推進

心得欄 ----------------------------

----

3 視頻會議的簡報法

這種方法是演講者和聽眾處在不同的地理位置，透過使用視頻技術，演講者和聽眾可以互相看到對方。

視頻會議最適合進行討論和互動，在使用視頻會議進行培訓和視覺化簡報時，必須要確保所使用的設備可以傳輸圖像。

觀眾數越少，採用視頻會議越合適，因為大部份的會議室沒有很大的空間，所以當每一位觀眾都可以同時看到攝像機的畫面時效果最好。最顯而易見的優點就是可以節省與會者必須到達同一個地點參加會議所需要花費的時間和金錢。

在另外一方面，因為採用高新技術而帶來了新開銷(包括傳輸開銷)所以會部份抵消掉節省下來的成本。不僅這些，技術本身的複雜性給你帶來的麻煩也相當大。

視頻會議簡報最隱蔽的缺點在於時間延遲，技術中所謂的「同步」問題──也就是信息達到聽眾那裏所造成的延時。這樣，就導致演講者無法馬上得到聽眾的回饋，而且聽眾的提問與演講者的回答都會有一段時間的延遲。

若要最大程度使用該種媒介，你與攝像頭要盡可能多地保持眼神接觸，這樣可以給攝像頭另外一方的聽眾一種感覺，你是在跟每一個聽眾單獨交談。

為了拉近與聽眾的心理距離,在演講過程中,記住每個聽眾的名字,並在提問或者討論過程中需要時提到他們的名字,這是一個很好的促進交流的辦法。

虛擬簡報法

這種情況就是你跟聽眾不在同一個地點,聽眾並不在簡報房間,而且你不能看到他們。

這是一種簡報者和聽眾可以分在地球的兩個角落,而僅僅透過電話線、Internet 或者電腦軟體相連的視頻技術。虛擬簡報可以使用很長時間而不過時,所以在這種情況下,未來就是現在。

通常來說,虛擬簡報適用於需要採用視覺化圖解來傳遞信息的情形,並且聽眾人數最好不要太多。例如為員工開設的介紹新技術與新概念的講座,就比較適合虛擬簡報。如果是需要很多人參與的協作性工作,就不適合採用虛擬簡報。在這種情況下,虛擬簡報很難取代面對面的簡報。

1. 優缺點

虛擬簡報有很多其他簡報所不具備的特殊優點:

(1)優點

像視頻會議一樣,虛擬簡報的最大好處就是可以節省簡報的開支,不需要每一個參與簡報的人從不同的地方飛到同一個地方來參

加簡報。這樣便為每一位參與者提供了節約參會成本的機會,並節約了乘坐飛機的時間,這是虛擬簡報的最大優點。

虛擬簡報的第二個優點是可以讓不同時區和地區的與會者在同一時間參與簡報,如果不使用虛擬簡報,這種情況可能就無法實現。換句話說,如果我早上 10 點在紐約進行了一場虛擬簡報,遠在三藩市的聽眾就會在早上 7 點鐘聽到我的簡報,而遠在東歐的聽眾在當地時間早上 4 點也就聽到了這場簡報。

(2)缺點

如果你是一位簡報者,那麼就請不要閱讀下面的缺點,因為我想你不會希望看到這些缺點的存在。其中一個缺點就是與會者可以在聽你的簡報的同時做別的事情,而你卻無法得知他們在做什麼。

唯一最大的缺點,是在於這種虛擬簡報完全喪失了與聽眾之間的直接接觸,喪失了即時的回饋以及聽眾的自覺性。

即使虛擬簡報系統為與會者提供了互動以及提問和回饋的能力,這種簡報方式還是缺乏直接的眼神交流,聽眾給我帶來的反應大部份情況讓我感到痛苦。

· 沒有點頭或搖頭來告訴我「我同意」或「我反對」。

· 看不到聽眾皺眉頭,來提示我「我不懂」。

· 對於我的幽默,得不到任何的笑聲回饋。

· 除了「震耳欲聾」的寂靜之外沒有其他任何的東西。

當然,如果你要求聽眾在簡報之後填寫「回饋表」,可能會得到判斷簡報成功與否的一些暗示。但是,這些暗示可能來得太晚了,而且未必對你以後的簡報有幫助。即使聽眾給你提供了深思熟慮的回饋結果,請認真考慮,但左腦的反應,對我來說最有用的反

應，應該是來自於現場簡報的即時回饋。

2.注意事項

下面是可以幫助你最充分地利用虛擬簡報的優勢的一些建議。

①與你的技術支持者一起工作。盡可能地與技術專家們更好地相處，因為他們可以在簡報之前幫助你，你可以與他們進行討論，討論在簡報的過程中如何更好地進行協作，從而將簡報變得更加成功。

- 在技術出現故障的時候執行臨時計劃
- 測試包括備份工具在內的所有工具
- 儘量帶足電線與電纜，防止在簡報的過程中因缺乏這些設備而造成影響
- 筆記本電腦儘量使用交流電源，而不使用筆記本電池

②做好技術備份方案。提前將你的虛擬簡報文檔透過電子郵件發給參加簡報的聽眾，這樣的話，萬一技術方面出現問題，聽眾也可以看到虛擬簡報的內容。（儘量使文件變得更小，不要超過 10M 的大小。因為一些簡報經常包含有照片、卡通動畫簡報以及視頻剪輯等等內容，這樣你就需要花很多時間來保證文件的大小符合要求）。

③將做簡報的時間限制在 90 分鐘以內。因為如果沒有人為的干預，或者沒有太多互動機會，你可能不能期待聽講者將注意力完全集中在你的簡報上。簡報的時間越短越好。

④將你的虛擬簡報材料做成虛擬文件形式。盡可能簡化內容，並使這些文件可以清晰地顯示在電腦螢幕上。在採用建模和動畫的時候一定要三思而後行，因為電腦將會耗費更多的時間來拖延顯示

這些內容。

⑤將字幕與虛擬簡報內容相匹配。如果你計劃採用字幕，要確保字幕與虛擬簡報材料相匹配，需要保證虛擬簡報的播放跟你的演講內容同步。

⑥與「播放者」協調。如果在虛擬簡報中有人為你播放虛擬簡報的內容，那麼你要跟他建立一種溝通協議，這樣可以讓他知道什麼時候可以做什麼事情。你自己最好也要學會播放虛擬簡報的內容，這樣的話你可以最精確地控制虛擬簡報播放的時間。

⑦進行預演。採用跟正式虛擬簡報時相同的技術進行預演。熟悉簡報中將要出現在電腦螢幕上的內容。特別需要研究虛擬簡報工具的使用以及其可以實現的功能，例如縮放或者指示虛擬簡報的某一部份內容，這樣就可以最大程度的利用好虛擬簡報的優點。

⑧鼓勵你的聽眾參與簡報的內容。至少要讓他們逐一進行自我介紹，包括介紹他們的興趣，愛好等等。注意跟聽眾交流的時候要提到他們的名字。要向他們解釋何時可以進行提問，要用什麼方式進行提問。要確保聽眾明瞭自己的發言受到關注。詢問他們的觀點和反應。不要詢問太多泛泛的、開放性的問題，或者回答只是簡單的「是」或「不是」的問題。例如不要問這樣的問題：「大家都聽懂了嗎？」。要這樣問：「有人有問題嗎？」或「你認為對我們的目標聽眾來說這些信息是否有用？」

⑨在簡報中進行電子投票或者民意測驗等活動。透過民意測驗技術，你可以公佈一些預決策和預編制的「是/否」或多項選擇問題，然後馬上記錄下聽眾的反應。這種活動對發起討論非常有益。例如：「既然20%的人認為展示很好，而80%的人認為不怎麼樣，那

麼調查一下這 80%聽眾中的人員，為什麼會認為展示不好？」如果沒有人主動發話，那麼就點名讓其中一個聽眾發言。

⑩鼓勵參與者使用聊天螢幕，並向你提問私人問題。例如：「還有多長時間中場休息？」簡報者也可以將簡短的書面信息發送到個人或者整個聽眾群裏。

參與者也可以在簡報的主螢幕上輸入信息，並且每一個人都可以回答主持人的提問：「今天都學到了那些可以從週一早上開始使用的東西呢？

要得到聽眾對簡報的回饋，不能僅僅採用正式的形式，還要在簡報結束之後詢問個人，從而得到誠懇的個人回覆。

心得欄 _____

_____

_____

_____

_____

第 三 章

簡報視覺媒體的選擇

1 選擇視覺媒體

你一定有機會公開談話，為了使你能充分作好準備，請練習選擇適當視覺媒體的原則和使用技巧。

每個視聽器材都有效果。如果列入引起客戶興趣的東西，成就可能更大些。

假如你在一個會議上講話而又未能使人理解，就考慮視聽器材吧，一個簡單的圖表能改變局面。

在能力範圍內，應儘量選擇一個能建立起專業形象的媒體；如果聽眾少，利用字體寫得整齊的掛圖就比業餘製作的幻燈片來得適合。

大多數的商業界人士每年都要上台演講好幾次。就拿鮑伯來

說，他是個僱有 80 名員工的顧問公司總裁，去年他就作過 20 場演講，他曾向學校的董事介紹他的公司與服務項目，曾在一位退休同事的歡送會上致詞，曾對高階層主管談預算評估，也曾在同業公會中演講等。

這個部份的重點放在一般商業演講中常用的媒體——投影機、35 釐米幻燈機、掛圖、海報、模型、電影和錄影帶。

不論選用何種媒體，都要注意下列六項原則。

1. 貴精不貴多

也就是寧少勿多。如果要確定是否該使用輔助器材時，就先研究何種媒體的優劣點。

2. 視覺、聽覺要互相配合

這一項需要經常練習，因為這是演講成敗的關鍵。當你說到：「本公司春季營業的三大目標」時，就應該馬上把投影機打開，讓圖片顯示「春季營業的三大目標」，談話內容也必須與圖片配合，如此一來，才能：

・使訊息具有衝擊力。

・因為是藉由視覺、聽覺同時傳達，便於聽眾吸收。

・可以提升「專業形象」。

3. 講演完及使用過的圖表要挪開

如果你已使用過掛圖講解新的設計概念，準備開始討論另一個題目——「預算的評估」時，你就不能留下掛圖，免得聽眾分心，而且你一定也不願意讓掛圖跟你競爭聽眾的注意力。

當然，也有下列三種例外的情形：

・為了幫助聽眾建立概括的觀念，這就可以繼續把掛圖留著，

如此一來聽眾只要看一下掛圖的總綱便知道你現在講到那裏。

· 留下會議的討論事項，便於會議進行。

· 把寫了重要觀念或「口號」的海報留在視線可及之處，以強調整場演講的重點。

4.把握強調要點的時機

你可以觀察聽眾的反應來測驗一下什麼是最好的時機，每次幻燈機打亮的那一瞬間，所有的目光都會集中在銀幕上，這就是強調重點的最佳時機：如果銀幕上沒有圖片出現，就表示你沒有好好利用媒體。如果在演講的全部過程中，幻燈機一直亮著，你也錯過了用亮燈來發揮戲劇化效果的機會，而且幻燈機的嗡嗡叫聲對演講也沒有幫助。

5.經常面對觀眾、保持視線接觸

在一場二流的演講中，你大概看過不少演講者的後腦。如果你必須使用教鞭，就用靠近圖片的那隻手拿教鞭，身體一定要面對聽眾，注意力也應該集中在聽眾的反應上。

6.記得圖片只是輔助工具，自己才是演講的重心

對著聽眾念圖片上的文字內容是最糟糕的事情之一，聽眾自己也會念，他們是為了知道圖片上不能看到的內容而來的。

2 電腦投影片 Powerpoint

隨著電腦的普及，現在在商業簡報中會大量用到 Powerpoint 來製作課件，Powerpoint 確實是比較好用的演示工具。它功能強大、製作方便，能與多種電子視聽媒介連接，是職業培訓師在培訓中最常用的工具之一。Powerpoint 的製作和使用技巧：

打開電腦的 Powerpoint，點擊「空演示文稿」，然後點「確定」。在「新幻燈片」的對話視窗裏選擇「普通幻燈片」，然後就可以把這個作為一個範本使用了。

在功能表「視圖」一項中點擊「幻燈片母版」。默認的 Powerpoint 母版幻燈片設計範本就會出現在電腦螢幕上。母版上有五個區，要保持母版格式的簡單，以為後面的變動留出更大的餘地。

假如想改變色彩或者提示演示重點，可以在母版幻燈片上做出改動，而不要在每張幻燈片上改，這樣會更加統一。

避免使用太多不同的字體，使人感到眼花繚亂，最多使用兩種或者三種字體即可。

假如需要使用上標或者下標，如 H20 的形式，塗黑要改變的文字，然後在字體功能表上選擇適當的按鈕。

幻燈片承載資訊的數量和品質很重要。製作幻燈片之前，如果

能收集到豐富的資訊，會為製作高品質的幻燈片打下良好的基礎。同時，充實的資料是培訓時的重要素材。要收集的資料包括資料、案例、圖片、表格以及影片等。

演示文稿應該有一個整體結構。在製作培訓課程時要考慮整體的結構，一個結構清晰的架構，會給學員留下深刻的印象。但結構不是一成不變的，應該根據每門課程的特點和學員的具體情況，很好地應用插入、刪除幻燈片等功能調整結構和文字，不斷改進完善，使演示文稿更富有效果。

完成幻燈片的製作後，還要考慮解說的內容，即如何準確地向學員表達幻燈片未直接傳遞的那部分資訊。可以讀出幻燈片上列示的每個專案，並提前就下一張幻燈片的有關內容進行介紹。一般來說，每張幻燈片所用的解說時間為 1-3 分鐘比較合適，解說稿的容量按照一般人 3～4 分鐘讀 400 字來設計，不要過多，也不要過少。

應用 Powerpoint 獨有的排練計時功能，對不符合規定演示時間的地方進行調整。演示時間如果超過規定的時間，就要適當加快解說的話速，或調整內容，減少幻燈片數量，再重新計算時間。相反，時間充裕時，就要注意放慢解說速度，或適當增加內容，添加幻燈片，再重新計算時間。

幻燈片的放映次序很重要。培訓師在培訓中用於演示的幻燈片，通常是配合培訓中的其他活動和形式交互進行的，因此，從開始放第一張幻燈片到最後一張幻燈片的次序很重要。可以將每張幻燈片串在內容線上，使幻燈片的演示與課程內容相互配合，融為一體。

3 投影機

投影機所使用的投影片也叫賽璐片，首先分析投影片的優劣
點：

1. 使用投影片的好處

· 適用於聽眾少的場合，但如果佈置合宜，也可以用於多達
  200 名聽眾的場合。

· 使用投影機時，不需要把房間燈光調暗，可與聽眾保持視線
  接觸，容易直接觀察聽眾是否感覺無聊、困惑或有異議，但
  最重要的是你不必去面對燈光昏暗的壞處——聽眾容易睡
  著。

· 價格相當便宜。

· 差不多每個機構都有這項設備。

· 因為機器本身的結構簡單、使用方便、容易掌握，不容易在
  使用中發生異常狀況。

· 重量輕、便於攜帶，尤其是加上了邊框的投影片，即使是多
  達 30 張也可以放進公事包裏。

· 投影片易於整理，碰到聽眾有問題，馬上可以找出適當的圖
  片來回答，必要時也可以在圖片上書寫。

2.使用投影片的壞處

· 翻印照片時不夠美觀。

· 投影機會發出嗡嗡聲。

· 質感不及 35 五釐米的幻燈機。

3.選擇何種廠牌

3M 所生產的投影機相當不錯,他們已有 30 年製造投影機的經驗,幾乎已克服所有問題。3M 投影機的特點是:

· 有些機型的開關是橙色的長形按鈕,就在靠近演講者的那一邊,隨手可及,不須摸索尋找。

· 大多數的機型都備有二個燈泡,如果一個在演講途中燒掉,只要一按操縱杆,另一個就馬上可以開亮備用。

· 冷卻風扇效果極佳,投影片不會因為過熱而溶掉。

· 2100 系列的風扇特別安靜。

· 可以調整亮度,光線也可以調至偏橙色或偏藍色。

· 3M 最近新生產了一種便於攜帶的機型,大小就像個公事包,便於旅行時攜帶。

4.投影片的設計

· 如果使用英文字每個字母起碼要 1/4 吋高;中文字約 20 級。

· 如果是使用透明的投影片,最好是能加以著色。

· 圖表及內容大小該佔 7.5 吋×9 吋,其餘空白當作邊。

· 一般投影片的大小是 10 吋×12 吋。

5.投影片可以是橫放或是直放

然而一般廠商多半製造橫放的投影片,其實橫的、直的都可用。不過在一次演講中,最好是全部使用橫放的,或全部是直放的,

才會有統一感。

　　投影片一定要上框，不上框的投影片就像襯衫下擺露在褲子外面一樣，雖然不是世界末日，卻很不雅觀，此外，有框的膠片也容易整理。當一疊無框的投影片疊放在一起，容易產生靜電、不聽使喚，不是黏在一起就是會在投影機上滑動，使用起來非常不方便。一般卡紙所作的邊框也很好用，但用可以翻動的透明膠框，因為它疊起來的大小是 8.5 吋×11 吋，可以放進公事包裏，也可以打洞後存放在活頁檔案夾中。這種膠框的前後都有塑膠套保護，可以防止投影片被刮壞，而且也可以隨時視需要在上面書寫任何文字或記號，由於是寫在封套上，隨時可以擦掉，完全不會影響原來的內容。許多職業演講者也常常會在投影片的塑膠框上寫筆記或畫重點。

6. 在會場佈置

　　你曾否看過許多演講者在談話中途笨手笨腳的找開關，或是把投影片首尾倒置？這就是不熟悉操作方式的結果，而投影片放置的方向跟你拿在手上念的方向是一樣的，所以要提早到達會場預先熟悉投影機的使用方法。

　　放置投影機最適當的位置是：

・必須讓最多數的聽眾能看到你，也就是投影機的操作者。

・讓投影機投射出來的投影像盡量佔滿整個銀幕。

・必須讓投影機的投影適合聽襲的多寡。不要讓投影機擋住任何一位聽眾的視線，必要時可以把機器放在低一點的桌子上。

　　有時候強烈的光線會從投影片的的邊緣「洩出」，使銀幕出現一道擾人的光圈，這時可以用不透光膠紙貼在投影機的玻璃桌上，

即放置投影片的地方，就可以防止這種情形發生。

　　銀幕的最佳位置至少應離地 4 呎。可以考慮把銀幕放在面對會場中央的角落。架設投影機的投影會起「吉斯通效應」，讓長方形的投影變成梯形。而且投影機距離銀幕愈近、影像愈大時，變形得愈厲害。如果你不願意發生這種情形，可以向視聽器材廠商購買一根金屬延伸棒，把銀幕的上方向前拉出以減少變形的程度。

　　儘可能不要讓強光直射在銀幕上。足夠的照明是最理想的，因為在明亮的房間中聽眾聽講的興致比較高，也利於學習。所以只有在想讓投影對比更清楚的情況下，才關掉在銀幕上的燈光。

7.使用投影機演講的技巧

⑴不要站在投影的前方。在聽眾還沒有進場前，必須先行計劃好投影機、銀幕及自己所站的位置。

⑵要把投影片在投影機上放置妥當，才把開關打開。

⑶視覺、聽覺雙方面要配合好。換句話說，在口頭介紹某一觀念時，把燈打開的一瞬間，銀幕上的投影要與演講內容相符。

⑷要跟聽眾保持視線接觸。

⑸不要直接唸出圖片的文字內容，但可以在框上記筆記或做記號。

⑹把燈打亮後，演講的音量就要加高一點，因為投影機風扇所發出的嗡嗡聲，會蓋過演講的聲音。

⑺要把已放映過及未放映過的圖片，有系統的分開放置，以免拿錯，手忙腳亂讓聽眾替你擔憂。

⑻不用投影機時，要記得把它關掉，或是把銀幕投影弄暗。

　　如果你不願意經常把弄開關，可以在膠片框上蓋一張打字紙來

把銀幕弄暗。或是你也可以應用「馬丁技術」（這是美國惠普公司芭芭拉‧馬丁所想出的好主意），也就是將檔案封套剪一張跟投影機的燈泡箱同等大小的紙頭，然後用膠布作個鉸鏈把紙幕貼在燈泡箱上，紙幕放下來銀幕就會暗掉，紙幕貼上去，銀幕就會呈現下一張投影片。

　　你也可以考慮製作一張只寫著演講題目及其他重要資料的投影片，以備在觀眾入場時在銀幕上呈放。

8. 教鞭的種類

　　一般人所使用的教鞭大概可以分為五類：

　　(1) 約 40 英吋長、有個黑色橡皮頭的木棍。有些人嫌它太像件武器，但如果你喜歡木棍形教鞭，可參照下列用法：

- ‧ 用靠近銀幕的手拿敬鞭，臉朝向聽眾，並跟他們保持視線接觸。

- ‧ 不用教鞭時，請把它放下。因為手拿教鞭，並把它在另外一隻手掌上上下地彈動，會使你看來像是個訓導人員。

　　(2) 可伸縮的金屬棒

　　這種教鞭有點像收音機的天線，收縮後又像隻鋼筆，可以放進口袋裏，除參照第一類的用法外，可再加上。不用教鞭時，不要老是把它伸長縮短把玩，聽眾極易被這種動作分心。

　　(3) 用手指或圓珠筆

　　這兩種都比不上攪酒棒方便。一來手指不能平放在投影片上不動，而且手指和筆都沒有攪酒棒的箭頭，可以塑造乾淨俐落的形象。

　　(4) 雷射教鞭

　　它的樣子像隻鋼筆，能在銀幕上投射出一個雷射光點，這可以

在一般販賣視聽器材的商店中買到。這種教鞭彎靈巧的，但是你可能情願眼看投影片而不是銀幕，因為你希望盡量臉朝聽眾。

看完上述的說明，如果你想用攪酒棒但又不易找到，你可參照下圖，用厚紙板白自行製作一隻。

市面上有許多專為書寫投影片所設計的筆，包括不褪色的、能用水洗掉的、乾後便會消失的。

有些人用手寫就能寫出整齊漂亮的投影片，不過要記得使用不褪色的筆，如果你使用的是水性筆，你絕不願意花了整個晚上辛苦寫下的投影片，第二天早上因為不小心弄濕了，就讓投影片全部「泡湯」了。還有不要忘掉在演講當中用筆來：

· 劃掉已討論過的項目。

· 把正在討論的數目字圈起來。

· 把正在討論的重點畫線。

如果你是使用水性筆、或乾後字跡就會消失的筆來作記號，這些投影片還可以再使用。

大多數乾後就會消失的筆不能畫出明顯的標誌，而且它們也難於清洗，你可以考慮用 3M 的透明膠框，演講用水性筆在上面作記號，事後把膠框在水龍頭下沖洗，再用紙巾擦乾，就可以再用了。

9. 使用投影機的最新技巧

(1)揭示手法

先把投影片蓋住，只露出標題，再把投影機打開，向聽眾介紹題目，在討論的進行過程中，每次只露出一個項目。檔案封套如果夠重，可以用作投影片的「遮蓋用具」，把它放在投影片和投影機的玻璃桌面之間，這樣遮蓋片就不容易掉下來，尤其是接近投影片

的末端那一頭。

　　但仍有很多聽眾不喜歡「揭示手法」，他們會覺得演講者好像是在賣弄甚麼祕密，但這種手法的好處是能讓聽眾專心。

　　⑵蒙蔽手法

　　這與揭示手法剛好相反，如果你要討論一個模型或一個圖表的組成結構，這種方法最適合。也就是在討論進行時，先讓聽眾看到整張投影片、有個概括觀念，然後集中在某一部份討論，把其他部份都遮蓋起來。

　　⑶重疊手法

　　讓兩張投影片在重疊時，能加上新的資料。重疊手法和揭發手法有同樣的效果，你的目的都是只讓聽眾看到你正在討論的項目。

　　⑷縮寫手法

　　投影片上只有縮寫字母。在措辭過程中，你才寫上字母所代表的字或意義，使演講多點變化，不會過於枯躁。

　　⑸用兩個投影機

　　如果你有使用不同語文的聽眾在場，或是你想要同時呈現重點和細節，可以同時使用兩部投影機，以利解說。

　　⑹漸隱畫面

　　這可以讓你在轉換投影片時不必觸動投影機的開關。

　　把「新」投影片放在玻璃台上光源可以照到的地方，同時把「舊」的拿掉，這手法要經過多次練習才能熟悉，但效果很好。

　　最後提示：

　　如果你的投影片沒有「上框」，你可以用不透明膠布直接貼在玻璃台上。

4 幻燈機

1. 使用幻燈機的優缺點

(1)使用 35 毫米幻燈機的優點

· 適合聽眾多的場合(如果場地佈置得宜,聽眾人數可多至 600 人。)

· 設計得體、製作專業的幻燈片能給人正式、良好的印象。

· 照片質感甚佳。

· 容易操縱,只須按鈕就能呈現影像,不像投影機必須每次把 投影片放置四平八穩才能把燈打亮。

· 比錄影帶或電影易於整理,可以抽出過時的幻燈片,或是把 幻燈片重新編排。

· 用電射處理過的圖表看來特別有力並富權威性。

(2)使用 30 釐米幻燈機的缺點

· 會場燈光必須黑暗才能發揮幻燈片的效果,但如此一來,就 難以跟聽眾保持視線連繫,也難以看到下面觀察聽眾的反 應,而且他們在黑暗的會場裏也容易入睡。

· 幻燈片轉盤太太、不易攜帶。

· 容易在演講中途出狀況,像幻燈片可能被堵塞、遙控器失 靈、燈泡燒掉等。

2. 幻燈片的設計

· 在一次演講裏只能用一種形式的幻燈片，所以要先決定幻燈
  片是全部橫放還是直放。

· 設計時要以最後一排的觀眾看得清楚為準。

· 團體照要包括各種員工（例如不同性別、種族、年齡、殘障
  等）。

· 不要在幻燈片上貼膠紙，因為容易使機器故障堵塞。

· 幻燈片必須是可讀的，如果你用手拿著的幻燈片，對著光源
  來源，也能念出幻燈片的內容，才表示觀求大概也能看清楚。

· 把幻燈片編上號碼或記號以便於整理。

· 把幻燈片在轉盤上整理妥當後，在每張片子的右上方用紅筆
  做記號，這樣你就不用擔心片於是否倒置，因為一眼看上
  去，所有紅筆記號都應在同一位置。

幻燈片框可以是紙板製的、塑膠的或是玻璃的。該用那種框是
看你用的次數、你的預算及攜帶便利而定。三種框的特性如下：

· 紙板最便宜，但紙框易被折到而引起機器堵塞。

· 塑膠框最普遍，價錢也不貴，而且較不易引起機器堵塞。

· 玻璃框最貴也最重，但它們永遠不會引起堵塞，而且比紙板
  及塑膠的更能投射清浙的形影。但在潮濕地區，玻璃片中的
  濕氣會使影像扭曲。

演講前，一定要提早到會場，把幻燈機燈機放置在能在銀幕上
有最大投影的地方。如果你有橫式印直式二種幻燈片，必須兩種片
子都測試，才能找出最適合的銀幕大小位置。最理想的位置是投影
能完全佔滿整個銀幕，而銀幕的高度最好是在聽眾的頭上，又沒有

讓幻燈機擋住視線的位置。

面對聽眾是最有效的演講方法，你可以用遙控器來控制幻燈機的換片速度及時間，而且最好是用無線遙控，如果辦不到，就用夠長的延長電線來連接，使你和幻燈機都能處於最理想的位置，讓你可以面對聽眾，同時又能讓投影剛好呈現在身旁。

一般人在使用幻燈片時最大問題是演講者往往是面對幻燈片演講，而不是對聽眾。改正的辦法是演講者隨時記得把雙肩面對聽眾，如果你的雙肩面對幻燈片，你就無法跟心眾保持視線聯繫。

一定要準備一個備用燈泡。如果幻燈機是租來的，備用燈泡應該是租件之一(記得要預先檢查)。

3.使用幻燈機演講的技巧

⑴會場佈置妥當後，先將幻燈片全部過目一遍，並注意：

‧ 坐在會場後排能否清楚看到幻燈片上的影像和文字？

‧ 影像焦距對準了沒有？

‧ 幻燈片的次序對不對？

‧ 投影是否佔滿銀幕？

‧ 如果要同時使用橫式和直式的幻燈片，銀幕大小是否適合？

‧ 如果聽眾要寫筆記，會場有燈亮著，銀幕上的影像是否仍然清楚？

⑵用膠片在遙控器的往前快跑按紐上做個記號，在演講中途你就不會糊塗地讓已放過的幻燈片再出現一次。

⑶準備一張全黑的幻燈片，以備演講開始時把幻燈機打亮用。

⑷一般來說，每張幻燈片至少要放 10 秒至 20 秒，而且最好是用不同的速度放映，例如你有一張只強調一個字的幻燈片，在銀

幕上可能只停留幾秒鐘，另一張則需要詳細說明，則可放個四、五分鐘，為的是避免過於單調。

　　(5)如果你要花四、五分鐘去討論一件跟幻燈片沒有關連的事物，就放一張全黑幻燈片，免得讓聽眾分心。

5 簡報圖表

　　圖表適合用來簡化教材或演講內容的論點，因為圖表能釐清複雜的觀念，而且易於表達數字間的關係。在設計圖表該注意下列四個事項：

- 標題要清楚且容易明瞭。
- 圖表中的每一個要素都要標示清楚。
- 你必須先建立一個觀念，那就是聽眾中仍有人不會看圖表，即使是你認為非常明白易懂的圖表，也要仔細解釋：圖表目的在顯示什麼？每個組成結構是什麼？簡寫或符號代表什麼？它們中間有什麼關係。
- 不要濫用圖表。

下面解釋一下各種圖形的使用方法。

1. 條狀圖

條狀圖能比較並強調各項事物間的關係,如下圖所示。

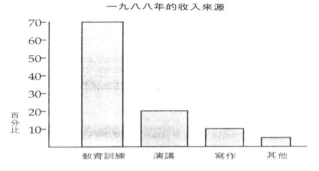

2. 結構圖

結構圖能釐清各種複雜的關係,如下圖所示。

會計部門人事組織圖

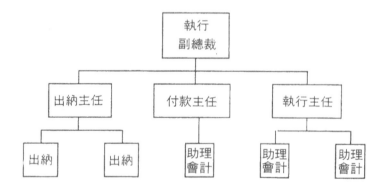

3. 線形圖

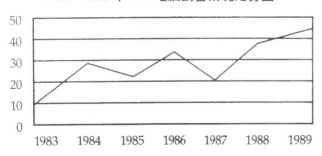

1983～1990 年LRT電腦銷售情況走勢圖

線形圖能描繪出趨勢、關係，並作比較，尤其是顯示不同時期某些活動頻率的分配特別適合。

4. 圓形圖

圓形圖適合表達不同的百分比關係，凸顯彼此間的比例，整個圖形永遠代表 100%。

消費者對樣品的評價

書寫海報

　　海報具有多種用途。某家公司總裁要對員工宣佈新的政策內容,他在海報上寫下公司的目標,把它放在會場正前方,即使不用明說,也已經把公司的目標和新政策間的關係聯繫起來。

　　某推銷員把充氣機的照片貼在海報上,在對顧客介紹商品時,他就站在海報後面,在問答進行中,他可以直接指出商品的特性。

　　某講師在海報上抄了句名言來表示管理訓練的重要性,海報就掛在眼睛視線可及的地方,在為期四天的研討會中,這張海報就傳達了重要資訊。

1. 使用海報的優缺點

(1)使用海報的優點

· 海報可以用來呈現一些不方便攜帶物品的模樣。

· 海報可以綜合重要的觀念,可長時間放在顯眼的地方。

· 可以增加會場的氣氛,同時也可以彰顯研討會的主旨。

(2)使用海報的缺點

· 攜帶不便。(如果好好包裝,你可以放在汽車內,但難以帶上飛機。)

· 容易受損。

· 在多於 15 人的場合就不大適宜放在會場中央。

2.演講時使用海報的技巧

⑴海報的位置要放在每個人都看得見的地方。有些掛圖架子可以用來放海報。

⑵不要讓聽眾傳閱海報，那會使演講者分心。如有必要一定要移動海報，就在講話時把它帶著，站在會場中最有「地利」的位置，也就是最多聽眾看得見的位置。

⑶懸掛位置要在手指可及之處。若把海報掛在會場的正前方，位置要在手指可及之處，以便讓你與聽眾維持視線連繫。

7 掛圖

1. 使用掛圖的優缺點

(1)使用掛圖的優點

· 價格便宜，而且適用於多種場合。

· 便於會議的順利進行。因為可以把意見、提議或抱怨寫在掛圖上，讓參與會議的人士感到他們的發言受到尊重，所以可以讓會議繼續進行。

· 可以當場製作。

· 不需要特別的照明設備。

· 如果處理恰當，掛圖還可以一再使用。

· 比較不正式，這可以是利，也可以是弊，就看你的聽眾群和

演講目的是什麼。

(2)使用掛圖的缺點

・ 不夠正式。

・ 字體一定要寫得端正，不然就會顯得很零亂。

・ 不適合太長的句子。

・ 不方便臨場書寫，也就是一邊討論一邊寫，因為在寫的時候很難跟聽眾保持視線連繫。

・ 製作費時。

・ 不適宜在超過 40 個人的場合使用,而且這 40 個人的位置還必須佈置妥當，才能使每個人都看得見掛圖上的內容。

・ 攜帶不方便。

你可以買到已經印好淺藍線或方格的紙張，容易使字體看起來很整齊。除非你很有經驗，否則一定要使用有線的或方格的紙張。

為了方便攜帶，寫好後最好把紙張放回原來的盒子裏，使用時再把紙張綁在掛圖架上。

有很多不褪色的筆，在書寫時墨汁會滲透到下一頁，所以你必須選擇質感不錯、價錢又合理的筆，才不會弄髒衣服。

2.設計掛圖的八個要點

(1)顏色要鮮明。千萬不要選淡色的顏色，除非是用來畫線。

(2)掛圖到後座的距離，每隔 15 呎就應把字母的大小加一級。

(3)要用筆尖寬的那一頭寫字。很多掛圖字母是夠大了，但筆畫不夠粗壯，這就是用筆尖細的那一頭書寫的緣故，這樣會使坐在後面的聽眾仍然看不清楚。

(4)隔頁書寫。在書寫掛圖時，要每隔一頁至兩頁書寫，也就是

在每個重點之後留一張空白，這樣聽眾就不容易看到下一張掛圖的內容。

⑸用修正液更正掛圖上錯誤。

⑹用圖表的左上角寫筆記。你可以用鉛筆在圖表左上角記下一些重點，例如重要的名字或數字，以作為演講時的提示。

⑺可以用投影機來幫助畫圖。如果圖案太小不容易描繪時，你可以先做一張投影片，然後用投影機投影到掛圖上，圖案大小調好後，再用筆在掛圖上描繪下來。

⑻在掛圖上鑲邊會給予整體一致感，效果也會更好。

3. 漫畫

漫畫不能給人「正式」的感覺，這是對的，但是再嚴肅的經理也該有他輕鬆的一方面，所以在掛圖上畫個小漫畫對強調重點有很大的效果。

但你不必是插圖畫家，只要多加練習，任何人都可以書幾個簡單的漫畫。如果你已很熟練，就可以在掛圖中找到適當的位置放入漫畫。

4. 使用掛圖時的演講技巧

⑴要站在掛圖旁演講。記住：千萬不要擋住聽眾的視線。

⑵面對掛圖時提高音量。如果你必須面對掛圖時，就應提高音量，這是因為聲音會先往掛圖送，然後才能傳達給聽眾。

⑶用圖形應將其儘量簡化，用字則是愈直接愈好。

⑷如果是一面講一面寫，事前要多加練習直到你非常熟練才行。記得時時要停頓一下，與聽眾保持視線連繫。

⑸請聽眾幫忙。如果是用手掛圖來促進會議進行，在寫標題的

時候，就請別人把最後的一張紙頭貼上。

(6)可事先畫好圖形草稿。如果你預先用鉛筆在紙上畫好圖形，再當眾用顏色筆勾出，會給人專業的印象。

(7)將常用的圖表作上記號。如果演講中途必須多次使用某張圖表來對照，就在圖表靠演講者的方向，貼上一片下透明膠片，以便於尋找。如果是好幾張圖表，就在不透明膠片作上記號，字體一定要夠顯明，才能「一目了然」。

(8)事先做好記號。如果你要給聽眾「即席揮毫」的印象，預先在紙頭上角把要點用鉛筆作個筆記，然後用顏色筆作個記號，免得臨場忘掉。

(9)區分用筆顏色的用途。在會議討論記錄中，用黑色筆寫問題，紅色筆寫關鍵論點，藍色筆則用來寫樂觀正面的事項。

心得欄 _____

_____

_____

_____

_____

電影或錄影帶

1. 使用電影或錄影帶的優缺點

(1)使用電影或錄影帶的優點

· 在所有媒體中，電影和錄影帶的影響力及效果最大，因為它們吸引人，又具說服力。

· 容易清楚說明重點。

· 能把問題戲劇化。

· 能改變態度。

· 在接待新員工適應環境的場合，可以用電影或錄影帶來說明公司的各項規定。

(2)使用電影或錄影帶的缺點

· 成本很高，與我們前面所討論過的媒體比較起來，製作成本高出許多。

· 人們看遍了許多電視、電影，要求也就比較高，如果影片的製作不夠專業化，容易引起觀眾的批評。

· 放影機是所有視聽媒體中最易碰上意外狀況的機器，使用者必須隨時提高警覺。

· 拼湊在一起的產品難以傳達你想要表達的訊息。

2.注意事項

在租借、購買或出產一部電影、錄影帶前,自問並回答:

· 電影或錄影是否能達到目標?

· 對聽眾及場合是否適宜?

· 只有它能做到,而其他媒體不能做到的是什麼?

· 能否在電影或錄影帶中真實描述人物及場合?它們跟觀眾的工作有無直接關係?

· 對話是否自然並具有可信度?

· 電影或錄影的題材是否能被「消化」?

· 它能否代表不同性別、種族、年齡、障殘等人的意見?

· 品質水準如何?這包括聲音、畫面是否清楚?顏色是否逼真?配音是否合適?

· 是否能節省成本?(一般來說,製作電影、錄影帶的成本很高,但有時候是值得的,所以你一定要先決定花這麼多錢這是不是值得。)

3.使用電影或錄影帶的演溝技巧

⑴光線最好是半明半暗。適當的暗度能使畫面清晰,也讓你有機會審視觀眾的反應,有人要寫筆記也行。

⑵必須熟悉片中所有內容。在放給觀眾看之前,自己起碼要先看過三遍,熟悉所有內容。

⑶可由自己配音。如果影片的聲音不適合你的觀眾、目標或場合,但是畫面很好,你可以考慮把聲音關掉,直接由你自己作描述。並這需要多次練習,直到你的講詞夠自然流暢,並與影片內容配合為止。

⑷準備問題。如果你打算在事後跟觀眾討論，就必須事先計劃好，因為看過影片後，觀眾會變得比較被動，你要準備幾個能有討論餘地的問題，讓他們再活躍起來，例如：

・ 影片有沒有解說不清楚的地方？

・ 有那些地方希望再加以說明？

・ 你們是否經歷過似影片中所技述的情形？

・ 影片中所描述的問題跟你的工作有無關聯？

・ 影片有沒有任何你不能接受的地方？

9 模型

有些時候，最佳的示範辦法是把系統裏新的要素以本來面貌呈現給觀眾。例如你以最戲劇化的形容介紹一件新產品時，當眾揭開新產品的模型；又例如要介紹一件新工具的功能時，就可以當場示範使用方法。

1. 使用模型的優缺點

⑴使用模型的優點

・ 模型因為是實際可以觸摸，能使你的論點及說明更實際。

・ 如果使用合宜，模型能使演講增色不少。

・ 模型能讓客戶對你的產品有更實際的認識。

⑵使用模型的缺點

· 一般來說，不適用於超過 15 人的場合。

· 如果傳閱模型，會使聽眾分心。

2.使用模型的演講技巧

⑴選擇最適當的時機拿出模型。把模型藏在講台後、放在箱子裏或是用布蓋著，不到時候不拿出來，才能收到最佳效果，同時也可以避免聽眾分心。

⑵討論過後，就把模型拿開。

⑶不要讓觀眾傳閱。如果有人看不見，你就拿在手裏，在觀眾席中走動。

心得欄 --

第 四 章

設計出令人難忘的投影簡報

　　如何設計幻燈片，舉例來說，如果使用無線滑鼠，就可以考慮添加更多的動畫效果；如果沒有無線滑鼠，那你就用不著去想動畫的問題了。如果使用自己的 LCD 投影儀，而且投影儀可在螢幕上顯示浮水印效果的圖片，那你就可以考慮使用浮水印設計；如果必須借用別人的 LCD 投影儀，你也許就不會使用浮水印圖片，因為有些投影儀並不能顯示出浮水印效果。由此，在設計之初，你就應該充分瞭解你所使用的技術。

　　幻燈片在任何簡報報告中都是最為重要的環節，而幻燈片的作用，卻恰恰正是簡報報告中最易被人誤解的一個方面。幻燈片不應該設計成報告人全部或大半演說詞的腳本，也不必簡報出所有的信息細節，而應該列出關鍵的信息提示。簡報的內容不應以滿篇的文字為主體，幻燈片應該在報告人講述某一主題的時候，將觀眾的眼球與注意力都吸引到該主題的要點上來。幻燈片的定位應該是吸引觀眾眼球的看板，而不是產品的文字說明書。

1 要設計出簡報專用的「簡報藍圖」

一般情況下公司會設計出一個幻燈片的背景圖案，要求所有員工都必須採用這個統一背景。他們認為公司所有簡報報告都可以採用這個圖案。

針對該問題，有一個簡單的解決辦法：統一的「藍圖」。

什麼是統一的「藍圖」呢？一個統一的「藍圖」包括簡報報告的範本，以及 10～20 個不同的幻燈片設計，對客戶或對內部的員工，都可以據此展示出獨具個性的、鮮明的公司形象。

1. 簡報藍圖的理由

一份統一「藍圖」會有很多的好處。

(1)節省時間

由於不必從畫草圖開始進行設計，人們可以節省不少的時間。例如，在很多公司，如果一個技術人員需要一張進行信息對比的幻燈片，而又不想使用藍色的背景圖樣，那他就不得不自己重新設計，但如果已經有了合適的燈片，他就可以省下這個時間了。

(2)統一的公司形象和信息

透過這個統一的設計「藍圖」，公司將在市場競爭中樹立起一個統一的形象。有了預先設定好的色彩搭配和多種樣式，很多幻燈片就可以進行輕易的組合搭配，以滿足不同簡報報告的需要。大家

就會願意選用樣式繁多的設計，而不會弄出色彩搭配拙劣的幻燈片，或是乾脆把只有文字的幻燈片拿來放，導致自毀形象。有了一個統一的公司形象，或許這形象只是由這些簡報報告的框架和設計表現出來，但一樣會向觀眾表明公司的使命與目標。

(3)高標準的專業精神

透過他們的簡報報告，觀眾可以看出公司是花了時間與精力來做設計工作的，公司也會因此向觀眾展示出具有專業水準的幻燈片來。

(4)可以將更多精力投入到其他事務中

大家可以把更多的時間投入到與公司的未來發展緊密聯繫的重大事務中去，可以考慮諸如業務拓展、客戶服務等更重要的工作。

(5)使報告更簡單輕鬆

如果不必數小時盯著設計單一的幻燈片，報告人將更有興致來講演。幻燈片的多樣化可以使報告人的語音、語調、手勢以及與觀眾交流的方式都豐富起來。

如果希望公司報告人有更好的表現，那就給員工提供更多的範本和燈片設計，讓他們做出更具專業水準、更協調的幻燈片吧。

2 簡報藍圖的規劃步驟

步驟 1：選擇適當的企業形象

你想給大家留下一個什麼樣的公司形象？穩健的、有闖勁的還是超前派的？舉例來說，一張樸素的藍色背景就能傳達出一個穩重大方的形象。

步驟 2：選擇適當的色彩

你只有兩種選擇：淺色的背景或深色的背景。也許在幻燈片的邊緣部份你還可以進行深淺的轉換，但是中心位置，也就是書寫文字的地方的背景，只能是要麼深，要麼淺。

如果選用了深色背景，你就必須使用黃色或是白色的字便於觀眾的閱讀。如是淺色的背景，那麼你可以用黑色、深藍色，或是綠色與紫色的字。不要使用一個上半部份用淺色，下半部份用深色的幻燈片範本。為什麼呢？因為這樣一來，你就必須在上半部份用深色的文字而在下半部份用淺色的文字，這樣整個幻燈片看上去就會很不協調。時刻問問你自己，什麼顏色能形成鮮明的對照，然後再去搭配顏色。

大約有 10%的男人和 5%的女人是紅綠色盲，他們無法分辨出螢幕上的紅綠二色，如果將這兩種顏色放到一起，那對這些人來說就是無效的搭配。

　　你對顏色能做的選擇比你想像的其實要少，這只要看一看你的軟體中自帶的那些彩色圖表就可以知道。大多數的人不會在簡報報告中使用粉紅、淺綠、紅色或是褐色。紅色在很多的文化中是一種警戒色，所以你不會想要使用紅色來做背景或是強調某部份。沒有了這些色彩，那就沒有太多選擇了。

　　有些人喜歡用黑色做背景，它顯得很莊重，不過要是連續幾個小時地看，就會很無趣。你當然希望觀眾能一直保持高昂的興致。從另一方面講，白色的背景也不能吸引人，一旦需要用白色來呈現你的圖表或是技術數據，那就要把幻燈片的邊緣部份設計成彩色或是用專門設計的花色圖案。

　　選擇顏色時，要記得每一種顏色都會使人聯想到不同的事物和感覺：

‧綠色可以暗示生長和動力。

‧藍色是最受歡迎的顏色，可以表示鎮靜，也代表某個組織機構，但藍色容易使人忘記。

‧紅色可以代表權力、精力或危機，對會計人士來說，紅色有「負債」的含義，從遠處來看，紅色也不易被察覺。

‧黃色使人有「積極感」，在暗色為主的背景中，特別容易凸顯出來，可以用來作強調色，但用作背景則不一定討好，因為大多數人並不喜歡黃色。

‧紫色對有些人而言，含有宗教意味。

　　你可以使用一種、二種，頂多三種顏色，千萬不要過多。如果你不大會看色調，就請人幫忙配出會令人賞心悅目的顏色。

　　使用對比色可以使圖像突顯，如果你要知道那種顏色最能強烈

襯托出背景的對比感,請參照下列圖表,排列在愈前面的,對比愈強。

在暗沉的背景,可利用下列顏色作為前景:

- 白色　　　· 紅色
- 黃色　　　· 藍色
- 橙色　　　· 紫色
- 綠色

在明亮背景,可利用下列顏色凸顯前景:

- 黑色　　　· 藍色
- 紅色　　　· 紫色
- 橙色　　　· 黃色
- 綠色

顏色	情感與情緒	運用
藍色	平靜、寬慰、淡泊、信任	用來做背景(一般都用深藍),約 90%的商用演講用的都是藍色背景
白色	中性、純潔、智慧	大多數商用演講中在深色背景下的字體顏色
黃色	溫暖、明朗、快樂、激情	深色背景下副標題和具體內容的色彩
紅色	迷失、激情、危險、行動、疼痛	刺激觀眾,很少用於背景色,除了赤字,也不適用於財務方面的簡報報告
綠色	錢、成長、果斷、繁榮、嫉妒、放鬆	可用作背景色,對期望觀眾給予積極回饋的簡報報告非常適用
紫色	活力、靈性、奇思妙想、幽默、娛樂	深紫色顯得充滿靈性與活力,讓人印象深刻,但用淺紫色的背景則讓人覺得不夠嚴肅

步驟 3：設計出公司的簡報報告範本

範本，或者說是大綱，是針對那些最常使用的特定的某些類別的簡報報告設計出來的。首先，做報告人要明確報告的目標以及所要傳達的關鍵信息或者說是「故事梗概」。其次，就要選定一個適當的範本來組織好這些內容。這裏有幾個很多公司都可以採用的模式：⑴產品發佈範本；⑵公司簡介範本；⑶產品銷售範本；⑷策略介紹範本；⑸項目更新範本；⑹技術更新範本。這些設計需要由那些將要應用範本的人來設計並且進行測試。很多的簡報設計軟體本身就帶有很多範本，但是公司可能需要根據不同的客戶進行一定的修改與調整。

步驟 4：設計出與背景圖案相協調的幻燈片

首先需要將背景圖案設計出來，然後設計出與之協調的幻燈片。要明確不同的設計會出現什麼樣的效果，首先就要看看已有的其他相關的信息是怎麼被展示出來的，再去設計更加容易被觀眾所接受的燈片。舉例說，當推薦某一新產品時，就可以設計一張將市場上其他類似的產品與之進行對比的燈片，並且把它作為新產品介紹範本中的一部份。

另外，只要聽報告的觀眾數量不十分龐大，幻燈片的設計應該能使報告人與觀眾進行互動。簡報報告就應該讓觀眾參與其中。製作的幻燈片越易操作，報告人就越可以更多的將目光轉向觀眾，與觀眾進行對話交流，而不是在台上唱獨角戲。對產品與項目進行比較的表格、同一事物不同時期的照片，以及燈片上提出的問題和可以在現場進行信息填充的幻燈片都能創造報告人與觀眾進行交流的機會。

步驟 5：瞭解觀眾的偏好

你將面對什麼樣的觀眾？是嚴謹的投資者、接受培訓的人員還是董事會成員、公司員工，還是客戶？如果你在做一個為期兩天的培訓課程，你也許會希望有幾張輕鬆、活潑一些的圖案做簡報背景。如果你面對的是董事會成員，那就沒有太多必要做圖案裝飾，把他們想要瞭解的信息呈現出來就可以了。如果你的觀眾是公司的員工，那就需要把公司的形象標識展示出來，這樣每個人都可以加深印象，獲得認同。

步驟 6：確定報告的目的

該報告的目的何在？是鼓舞士氣，還是讓大家瞭解更新的資訊？是通報好消息、壞消息還是打廣告賣東西？一場給大家做動員的演說所需要的背景肯定與向癌症病人傳達病情的通告所用的背景大不相同。一個有同情心的醫生不會在向病人講述病情的時候使用帶著笑臉或是有跳舞小人的背景圖案。這時，一個簡單的、淡色的背景最合適不過了。

心得欄 _____

_____

_____

_____

_____

3 令人難忘的投影片

投影片必須要能激起觀眾的參與熱情，但不幸的是，很多觀眾在剛看了 5 張片子後就恨不得馬上離席。投影片應該引發人們的興趣，激起觀眾想要進一步瞭解的慾望。最為重要的是，投影片的設計應在情感上引起觀眾的共鳴，很多人都是由情感引導來做決定，然後才對事實加以理智地分析。

有很多的投影片完全不顧美學設計的原則，有的看上去簡直是慘不忍睹。一張令人過目難忘的投影片應該是吸引人的，讓人感覺愉悅。

投影片應該讓人們易於理解並抓得住重點。不是有「理解萬歲」這樣一個口號嗎？你所設計的圖案應有助於準確地傳遞信息，並讓觀眾領會信息的內涵。

做一個簡報報告就是在講一個故事，每張投影片都是故事的有機組成部份。一張投影片做得好，報告人就可以很輕鬆地把故事講下去。如果一張投影片能讓報告人字字珠璣，讓觀眾領悟到簡報信息之外的東西，那就不失為一張傑作了。

設計出令人過目難忘的投影片，是成功簡報報告的基礎，那麼如何開始設計呢？首先，你必須遵從以下幾條簡單的規則。

1. 簡化文本，使用關鍵詞

投影片設計中最常犯的錯誤就是使用完整句子，這會使投影片整體顯得小氣局促。觀眾對這樣的投影片是不會有什麼興趣的，而作為報告人的你就會依賴投影片而照本宣科。人們為什麼會犯這樣的設計錯誤呢？由於報告人自己緊張，就會完全依賴螢幕，把所有可能講到的細節都放到了螢幕上。如果你需要一個全文腳本或是更多的提示信息，那就要靠你自己在報告中的發揮，但絕不要把所有的信息都羅列在螢幕上！

簡略文本信息的指導原則如下。

⑴一張頁面只列出一個主題、概念或是觀點；

⑵使用短語而非長句；

⑶一頁最多使用 6 行，每一行的字數控制在 6 個以內；

⑷如果是技術性的講解，那上述指標應控制在 8 以內；

⑸標題中每個單詞的首字母都大寫；

⑹其他文本信息每一行的首字母大寫；

⑺使用 1～2 個(最多兩個)可讀的、無襯線字體。

⑻用粗體或是圖框等方法強調重點詞；

⑼強調顯示圖表中的數字。

兩張包含一樣信息的片子，一張是純文字的，人們會疲於閱讀大量的文字，另一張就是一張令人過目不忘的投影片，因為它給我們講了一個故事。觀眾看到這些孩子的照片，就會想到如果不能學好數學，孩子們會是怎樣的感受。由此，觀眾體會到了「週六學習小組」的重要意義，孩子們在學習小組中開始對他們的數學能力有了信心。報告人如何來講述這個故事，會影響到投影片是否能讓觀

眾產生情感上的共鳴，讓觀眾體會到孩子們是如何透過學習數學，獲得知識，找回自信。這個例子還有力地證明：文字信息完全能夠有效地轉化為圖片信息。對於能讓人產生審美愉悅的信息，大多數人都能據此更有效地瞭解、掌握和利用信息。關鍵的一點在於如何將冗長的文本轉化為簡短的文字或是恰當的圖片信息。

2.投影片層次清晰，並留出足夠的空間

先問自己這樣一個問題：「我想在這張片子裏傳達的主要觀點是什麼？」然後再將與之相關的信息羅列到片子上去。例如，在很多公司的簡報報告中，都會存在這樣一個問題：大量堆砌的數據看得人眼花繚亂。要解決這個問題，就要問問你自己：「我的觀眾到底需要瞭解那些關鍵的數據？」然後再考慮如何圍繞著這些關鍵數據設計投影片。這個方法可以吸引觀眾去瞭解、掌握並重點思考關鍵的問題，而不是讓觀眾迷失在無盡的數字與圖表中。

以下是避免投影片內容複雜混亂的方法。

⑴只顯示圖表中的關鍵數字。如果只需要讓大家瞭解一下趨勢，而非具體的數字，那麼畫一條曲線即可。只有當大家需要瞭解所有的數據以便加以分析討論，然後做出決策時，才將所有的數字羅列出來。如果數據不易理解，那就最好給每個人發一個小冊子，透過這種方式來進行討論。

⑵同一個詞不能在一張片子上重覆使用 5 次，最好只說一次。

⑶如果是分類的信息，那就使用圖表來說明；使用不同樣式的表格，將關鍵信息放在表中。

⑷給投影片留出一定的空白，不要把螢幕塞得滿滿的。

⑸無論是文字還是圖片，都要與該片的主題一致。

即使一張投影片包含了圖片和文字，但問題是，這其中有太多不同的信息，而且，這樣的組織結構讓人們想到使用網路查詢，圖片在這裏也顯得很沒有說服力，其中的引語也過長了。同樣的信息經過語言提煉，簡化之後就會表達得很到位。不僅投影片設計得很美觀，而且能讓人產生審美的愉悅感。由於信息集中，就易於觀眾瞭解。報告人可一次點擊某一項，詳細解釋專家們是如何答疑解惑的。

3.保持投影片的一致性和連貫性

在設計投影片時，一個經常被人忽視卻是非常重要的問題就是如何滿足觀眾在較短的時間內掌握相關需要的信息。投影片在設計上保持信息傳遞的一致性、連貫性，有助於觀眾迅速瞭解主要內容及有關細節。

信息簡明扼要，輕鬆有趣，這要比你趕場，急著要把很多東西陳述出來的效果要好得多。沒有人喜歡聽一個著急的人不斷重覆這麼一句話：「時間不夠用了。」

圖片、剪輯、圖表與錄影短片的引用

　　圖片、剪輯、圖表、錄影短片可以使你的簡報報告呈現出多樣的色彩，也可以使演講淺顯易懂。要注意，大多數的人更容易理解圖片、圖表等可視信息。另外，無關的、不適宜的圖片也會妨礙信息的傳達。

　　首先要考慮的問題是，你的電腦是否支援你所設計的簡報報告類型。如果你在演講時不使用你做設計時用的電腦，那你就要確定做實地簡報的電腦支援是否支援你所設計的精彩圖片顯示。

　　很多人利用數碼相機來設計圖片，他們只需把客戶的辦公室或是產品用相機拍下來即可。數碼相機的操作十分簡單，如果你認為使用這些照片確實可以獲得滿意的效果，那就買個數碼相機，學習學習吧。

　　當你在選擇相片、圖片、剪輯或錄影短片時，你應該思考這些問題。

1.為什麼要添加這張圖片

要解答這個問題，還得想想這些問題。

⑴使用這些素材——圖片、剪輯或錄影短片，僅僅是因為隨手可取，還是因為它們對我的講解確實有利？

⑵圖片中是不是存在一些可能會冒犯到觀眾或是把一部份觀

眾排斥在外的因素？圖片中是不是只有男性或是女性？是不是只有某一民族的形象？你必須注意到如今人力資源背景多元化的時代特徵。

⑶圖片的色彩會不會因為改變了簡報的地點和計算機型號而有所不同？

⑷使用這些圖片會不會使整個文件的超出備份盤的容量？如果答案是肯定的話，那我該如何備份以備不時之需呢？

如果圖片用得好，它將比文字更有說服力。解釋信息寫得過多，就會顯得有點擁擠，這樣的設計不會吸引觀眾。而添加一張照片，就顯得簡潔明朗，就讓所有的文字都變得生動活潑多了，同時也會牢牢抓住觀眾的注意力。

2.剪輯是否適宜

圖片、箭頭、符號以及各種圖表，這些如果能幫助你傳達信息，你還要考慮它們是否對所有的觀眾都合適，例如那些保守的銀行家以及公司的員工。但對於剪輯來說就不是這樣。很多的剪輯圖片類似卡通，當用在一個簡報報告中時，它本身就帶有一種自己的風格，而這種風格並不適於所有的報告風格。你自己先做一個衡量，特別是當你選用常用的剪輯時。

3.為圖片的解釋做好準備了嗎

不知你是否有過這樣的痛苦經歷：看著台上的報告人一張接一張地放幻燈片，卻不做任何解釋。一張圖片本身的價值或許真的可以比得上千字文章，但是如果沒有了上下文與解釋的話，對不同的觀眾就可能代表著不同的含義。每一張圖片都需要配一個標題或是簡短的說明，或是由報告人自己講解。

4.圖表與曲線圖是不是最佳的表現方式

你可以利用軟體程序畫一張 12 欄的表格，但這並不意味著你就應該使用表格。如果你認為觀眾只想看數字的話，那就只列出數字即可。有的時候，一條趨勢線就已足夠。在顯示完趨勢線後，你可能會想把觀眾感興趣的關鍵數字顯示在螢幕上。正如我們早先說過的，色盲的人無法將紅綠兩色區分開。除此之外，就你的圖表，你還應該考慮的問題有以下幾點。

⑴如果顯示的是趨勢線，那就要用粗線條，因為螢幕上顯示的細線幾乎是看不見的。

⑵用亮色來畫線，但不要使用黃色。黃色只有在黑色背景下才能顯現清楚。

⑶不要在一張圖表上使用 5 行以上的文字或是菜單欄。如果太多，會影響文字的清晰度。

⑷用箭頭、顏色的變換、標題欄等方式來強調顯示關鍵信息。

⑸盡可能地縮短數字的書寫方式，例如，用´01 代替 2001。

⑹盡可能使用取整後的數字，如用 10（如果 0.4 有意義的話）或 10.4 來代表 10400.34 美元，然後將單位換成「千美元」即可。

5.觀眾將從錄影短片中得到什麼

現在，一架數碼相機就可以實現一段錄影的拍攝，你只需保證拍攝的品質就行。以下是錄影剪輯（可能還包括聲音）可能用到的幾種情況。

⑴公司職員拍攝的錄影可以作為將自己介紹給客戶或是其他員工的材料；

⑵產品及其生產過程的展示可以使產品的介紹更加生動；

⑶生產原料培育基地的錄影可把觀眾帶到他們可能不會有機會去到的地方,也能給觀眾帶來這樣的信息:我們的產品是真實的;

⑷客戶或僱員的證明也可拍成錄影以推廣產品。

5 簡報展現形式的設計

簡報的信息最終是要傳遞給聽眾的。相同的內容,不一樣的表現形式,聽眾的接受程度也會有差別。簡報者要想讓自己的劇本與眾不同,美觀、大方是基本要求,因而,越來越多的圖形圖片、影像動畫等被應用於簡報內容的設計當中。

1. 圖形圖片

一個恰當的圖形圖片能夠讓簡報者省去很多口舌,更能讓簡報者所要表達的信息快速傳遞給聽眾。

密密麻麻的文字,是無法給人以視覺享受的,因此,很多簡報者為了更加形象、生動地說明某個問題,常常在 PPT 中插入一些圖形圖片,使得 PPT 整體更具觀賞性。例如,簡報者要講解「目標的設定」,在文本中插入下面一幅圖片,不僅會給聽眾留下深刻的印象,而且還能夠讓聽眾更好地理解目標設定的問題。

簡報者需要注意圖形圖片與文字信息的結合,不要做「無病呻吟」,切勿脫離實際內容。同時,並不是所有的圖片都會比文字表現得更充分。在現代社會當中,

聽眾每天都會接觸大量的圖形與圖片，如果簡報者的圖片缺乏特色，不僅不會達到取悅聽眾的目的，還可能引起聽眾的反感。

2. 圖表圖像

數字信息，是簡報中經常出現的信息形式之一，也是最不容易記憶的信息。簡報者要想讓數據信息給聽眾留下深刻的印象，必須能夠吸引聽眾的眼球。

如果單獨表現某一數據，很難引起聽眾的興趣，這時，可以透過給出另一數據與之進行對比，並調整圖表的標題來強化聽眾對這一數據的印象。

透過對比，可以給聽眾留下非常深刻的印象，這樣的圖表就很容易被聽眾記住了。

將圖表信息視覺化，就是將所要表達的數據信息與文字、圖形相結合，最大限度地豐富圖表的內涵。

3. 影像聲音

影像聲音，是指簡報者在製作簡報 PPT 時，適當地加入影視剪輯片段、音樂歌曲片段等多媒體信息，使得簡報內容更加豐富多彩。

很多簡報者都喜歡將看過的影視劇中的經典片段剪輯下來，放入自己的簡報中以增強觀點的說服力；也有的簡報者為了烘托某種氣氛，在簡報過程中喜歡放上一段經典的音樂。這些都是利用影像聲音進行簡報內容設計的典型案例。

4. 動畫動漫

動畫動漫，是隨著近幾年信息技術的不斷發展才被應用到簡報過程中的。而且，隨著科技的發展它將會獲得更加廣泛的應用。

同樣一段信息，如果借助動畫、動漫的形式表現出來就要比從

簡報者口中說出來更能吸引聽眾的注意，其主要思想也更容易為聽眾所接受。

　　無論是簡報者自己設計動畫動漫，還是請別人設計，都需要耗費很多的時間和精力，如果是從外部購買，則可能會花費很高的金錢成本。因而，在動畫動漫製作時，應儘量考慮其重覆使用的可能性，對於不能重覆性使用的，則可儘量少使用這種方式。動畫動漫作為一種全新的簡報內容展現方式，需要簡報者具備一定的電腦水準，否則複雜的操作會讓簡報者手忙腳亂，進而影響簡報的效果。

心得欄 _____

_____

_____

_____

_____

6　簡報投影設計的十大禁忌

　　要對你的簡報報告以及每張幻燈片的設計都做一些評估分析。把這些評估項目列印出來，然後對照著去分析你的每一次簡報報告。報告人很容易沉醉於幻燈片設計的細節之中，所以，拉開一段距離，從整體上審視你的幻燈片設計是非常重要的。

　　在設計好並分析了所有的幻燈片之後，請你將一張幻燈片放一張紙這樣列印出來，平鋪在桌子上，然後仔細審視一番。當然，你能在電腦螢幕上流覽這些幻燈片，但你不能一目了然的看見整體。另外，把它們攤開在一起觀察跟你在螢幕上看的感覺也是不一樣的。請確保這些幻燈片的設計在整體上符合「總體視覺評價標準」，然後，再進一步看看每單張幻燈片是否符合了「單片設計標準」。

　　一張令人過目難忘的幻燈片可以使你更有信心與激情地來完成一場簡報報告。每一張幻燈片都可以使你與觀眾建立起情感上的聯繫，讓你成為一個優秀的講故事的人。最為重要的是，一張過目難忘的幻燈片可以讓觀眾參與進來，這也是一個簡報報告最終的目標——與觀眾進行交流，傳達你的知識與情感。這樣，觀眾就會相信你所要宣傳的東西——不管是一個產品，一項服務還是一個觀念。

　　1. 對任何類型的圖片都不要設計成傾斜式的排列模式，在設計

圖表的時候,腦子裏要有一個建築物的形象,在圖片上閱讀文字或是表格裏都是十分困難的;

2.不要把整個簡報報告都設計成分步顯示的模式;

3.不要使用太多的色彩,太多的色彩會讓整個簡報報告缺乏連貫性和一致性;

4.不要使用過多的範本以及圖表,否則觀眾無法獲得一個明確的印象;

5.不要把太多你不需要解釋的文字放上去;

6.不要使用對電腦的容量而言,所佔空間有些過大的圖片,因為這樣一來,圖片的顯示時間就會很長;

7.不要使用黑色的背景;

8.不要使用聲音,除非這個聲音與你所討論的主題直接相關;

9.不要把過多的數字放在圖表中,以至於你的觀眾弄不清楚這張表主要想說明什麼問題;

10.不要做太多的幻燈片,在沒演講之前,你就知道要簡報完這所有的幻燈片,時間是不夠用的。

第 五 章

簡報視覺教材的設計

1 設計簡報教材的六大原則

你不必是個藝術家，也不用費時去研究設計的原理，只要稍微具備一點基本設計知識的人，就可以自己動手設計視覺輔助教材了。事實上，只要知道如何運用下面提示的六項基本原則就已足夠了。

・簡單易懂。

・留白不要全部填滿。

組合事物時，四周應留下寬濶的空間。

・要有系統。

要將內容有層次地靠左排列。

・為視線開道。

把內容依重要性由左至右、由上而下排列，也可利用箭頭、邊框、重疊字或其他方法將他們有秩序的排列組合。

・要有主題。

聽眾必須一眼就能從圖片中辨認出最重要的部份，它可能是特別大、特別顯眼或特別明亮的文字或圖案。

・要用有趣的手法來分割畫面。

製造有效視覺教材的三條金科玉律：第一是要簡單，第二是要簡單，第三還是要簡單。

1. 設計簡報的重點提示

⑴每張教材要有標題，因為標題可以──

・使重點更清楚

・協助遲到的聽眾儘快把握主題。

・引起並維持注意力。

・使正在作白日夢的聽眾能馬上回到主題。

⑵每張教材只能有一個主題。

⑶如果只有文字沒有圖畫，就把第一個字放大，使整個構圖看來比較有趣。

⑷照片或圖畫中的人物該臉朝畫面中央，因為你一定不願意讓圖片中的主角有[面壁]的感覺吧。

⑸請仔細校對，圖片上方的錯誤比位於下方的錯誤更容易察覺。

⑹用「邊框」的方法把兩件事物連繫起來。

⑺不要亂放插圖。根據最新研究發現，跟主題無關的插圖只會引起誤會或分散注意力。

2.美化簡報教材的方法

一張投影片看起來不錯，但是缺乏生氣？如果有這樣的情形，你可以嘗試做下列調整：

- ‧ 換個方向。
- ‧ 透視教材。
- ‧ 放大或縮小。
- ‧ 弄圓或變方。
- ‧ 加長。
- ‧ 加深或變淺。
- ‧ 加框或其他方式，讓它看起來閃耀明亮。
- ‧ 利用重疊手法，讓它特殊化。
- ‧ 著色。
- ‧ 將教材透明化。
- ‧ 讓教材有對比的感覺。
- ‧ 強調或淡化對比的感覺。
- ‧ 使它看起來更舒服。
- ‧ 使它更近乎人情。

心得欄 ------------------------------

----

2 簡報文字的使用方法

　　根據統計，有 75%的投影片或幻燈片的內容只有文字，一般用的圖片也僅以文字解說，可見文字在視聽教材中的重要性。

　　那麼文字解說應該包括什麼？用詞上該注意那些事項呢？

　　⑴假想你是標題的作者，你如何下標。

　　⑵把內容提鍊到只剩精華部份。

　　⑶文字要簡潔。

　　至於要如何決定圖片該有多少文字呢？你可以：

　　· 用顏色筆在 8.5 吋×11 吋的紙上寫上內容，如果看來資料太多，就該減少一些文字。

　　· 項目要依談話的次序排列。

　　· 不準備討論的資料千萬不要出現在圖片上。

　　· 不要把所有數字都寫在圖片上，只要寫上最後的統計數字、你要討論的數字，或是聽眾必須知道的數字即可。

　　· 每張圖片不要超過 6 行；

　　· 每行英文字不要超過六個字，中文字不要超過 10 個字。

　　這是一條有理論根據的好規則，某項閱讀研究曾試著找出一個人能在一瞥中吸收多少資料，結論是 6 行、每行 6 個英文字，或相當於 10 個中文字。

　　當然，也有不適用這項規則的情形，例如你的提案有七個項目，你可能必須把七個項目都寫在一張圖片上，不過要記得這條規則可以幫助你決定要用一張圖片還是兩張圖片。

　　圖片的標題應用較大、較粗的字體來強調，上方應留下三行空白，下方應該留下兩行空白。

　　次標題應用較小、較細的字體，跟內容之間不必空行。

　　在設計教材內容前，必須要先擬定書寫標題、次標題及內容的計劃再開始動手，才能使所有圖片整體看來有統一性。如果你想在許多項目間保持「平衡」感，那就要文法用詞一致。

3　教材設計的禁忌

　　總而言之，這個部份的內容主旨，就是告訴讀者必須避免下列事項：

- 忘掉觀眾(尤其是在設計教材階段)。
- 在圖片充塞太多文字或數目字。
- 漏掉標題。
- 讓圖片中的人臉朝圖片外。
- 用過多的圖表。
- 忘掉著色。
- 多於 6 行、每行中文超過 10 個字或英文超過 6 個字。

· 寫上無關緊要的文字。

· 用太小的字體。

· 內容包括不用討論的資料。

· 忘掉校對。

必須極力避免「資料傾銷」。圖片太多或資料充塞只會產生反效果，一般來說，文字愈少愈妙！

 做好簡報資訊分類

在傳遞信息時，尤其是簡報工作中，用圖表表達比用純文本的方式表達具有更大的優勢，但如何才能把信息圖表化呢？

信息是事物現象及其屬性標識的集合。要將信息轉化為圖表需要做兩件工作，一是確認將要表達的信息主題；二是圍繞確定的主題將信息分類。對於一張圖表而言，信息主題是它的靈魂，而信息的類別則直接決定了圖表的形式。一般情況下，根據信息的表現形式，可以劃分為文字信息、數據信息、圖片信息、影像信息等。

兩張從圖形上看沒有任何區別的圖表，在具體描述信息時，有明確的信息主題的傳遞的信息更加明確，不容易產生歧義。因此，在用圖表傳達信息時，儘量明確想要描述信息的主題。

每一類型的信息，由於其自身的特點，轉化為圖表時，所選用的圖表類型也是有區別的。如「第一手資料的優點包括：針對性強、

適用性好；第一手資料的缺點包括：需要投入較多人力、物力，成本較高」這段文字，可以用圖表來表現就更一目了然。

要想選擇合適的圖表表現信息，必須明確信息的類別，然後根據信息的類別以及信息之間的關係，選擇合適的圖表。

1. 文字信息

文字信息是指主要以文字形式表達的信息。如「樹葉黃了」等。文字信息最大的優點是可以反覆閱讀，從容理解，不受時間、空間的限制，但如果信息量較大時容易引起視覺疲勞，使信息接收者產生厭倦情緒。另外，文字信息具有一定的抽象性，接收者在閱讀時，必須能夠解碼信息，即將抽象的文字還原為相應事物。

例如，請闡述教育、科技、經濟三者之間的關係。如果用文字闡述，應為：「教育是科技的基礎，只有教育發展了，科技才會進步；科技又是經濟發展的基礎，只有科技進步，才能使經濟又好又快地發展；經濟是教育的基礎，只有經濟發展了，教育水準和品質才能得到更大的提升」。

如果將這段文字信息用圖表來反映，就可以表示成三點循環的形式。

2. 數據信息

數據信息對客觀事物的數量、屬性、位置及其相互關係進行抽象表示，以適合在某個領域中用人工或自然的方式進行保存、傳遞和處理。這裏所指的數據信息僅限於主要以數字形式傳遞的信息。

例如在工作中遇到的「今年的銷售額比去年增長了 50%」、「企業淨利潤連續 4 年增長率達到了 20%」等就屬於數據信息。

數據信息的最大優點是能夠準確反映信息的特點和屬性，但如

果幾個數據信息同時出現，則不能夠給信息接收者以直觀的印象。例如，用數據描述的一段信息為

「今年一分廠銷售額增長迅速，在第一季實現銷售額 400 萬元，二季 600 萬元，三季達到了 800 萬元；而二分廠卻比較平穩，第一季實現銷售額 600 萬元，二季 610 萬元，三季 650 萬元」。

看完這段信息，對一分廠、二分廠銷售額的對比情況很難有直觀的感覺。

如果將上述信息用柱狀圖的形式反映，則可以直接表現兩個分廠的銷售狀況。

3.圖片信息

圖片信息是指以圖形、圖示、箭頭等形式傳遞的信息。圖片信息一般比較直觀，抽象程度較低，容易閱讀，而且圖片信息不受宏觀和微觀、時間和空間的限制，大到天體，小到細菌，很多內容都可用圖片來表現。例如，你用文字向別人解釋「帽子是什麼樣的」就不如用一個圖片展示給他，告訴他「這就是帽子」。

圖片信息與純文本信息、數據信息相比，還有以下幾個優點。

(1)直觀、生動

圖形屬於非文本信息，在信息傳遞過程中可以傳遞一些用語言難以描述的信息，使接收者更加容易理解和接受。

(2)提高觀賞性

無論是文本文件，還是 PPT 文件，都需要採用適當的圖片作背景或裝飾，這樣可以增強文件的觀賞性。

4.影像信息

這裏的影像信息是與文字信息、數據信息以及圖片信息相對的

另一種信息，其主要指以電視、放映機等媒介傳遞的動態影像信息。影像信息往往還會伴隨聲音一起傳遞給信息接收者。

例如，我們觀看的電視劇、動畫片、廣告等都屬於影像信息。這種信息的優點是形象、直觀、生動，使信息接收者比較容易理解和接受。但將信息轉化成這種形式往往需要付出較高的成本。

通常情況下，將信息圖表化主要是將文字信息、數據信息轉化成圖表，方便信息接收者接收和理解。

5.標題的設計

圖片的標題應用較大、較粗的字體來強調，上方應留下三行空白，下方應該留下兩行空白。

次標題應用較小、較細的字體，跟內容之間下必空行。

在設計教材內容前，必須要先擬定書寫標題、次標題及內容的計畫，再開始動手，才能使所有圖片整體看來有統一性。

心得欄 _____

_____

_____

_____

_____

5 簡報圖表的技巧

　　使用圖表，很多人都會犯一個通病，那就是把儘量多的信息都放到圖表中，這樣做反而使得圖表的價值大大降低。

　　商務溝通簡報中用到的圖表時，設計應遵循的原則，就是說頁面的美化設計是為了更好地將內容進行清晰地表達。

1. 簡單化

　　圖表應該能節省一千句話，而不是需要一千句話去解釋。

　　某企業 CEO 曾說：「做事情喜歡簡單，例如計劃，我們往往把幾張紙要說的內容濃縮到一張紙上，把一張紙的內容再變成幾段話，然後繼續把這幾段話簡單化成一段綱要性的文字。最後，只要能簡明扼要地表述出我們想要的意思就可以了，沒有必要用任何多餘的東西。」

　　製作一個圖表，可以讓我們的工作化繁為簡。圖表可以很方便地組織信息，而且表達清晰，使溝通更有效。製作和使用圖表的黃金定律：越簡單越好！

　　圖表設計要做到扼要精練。越是簡明，作用越大，人們用於掌握知識的時間越少，信息傳遞的效果越好。

　　用最少的元素表達最大的效果是圖表最終追求的效果。要想達到這種效果，首先就需要對信息進行篩選或者重新編輯加工。

　　為了做好圖表，前期肯定會採集大量的原始數據和信息，但是這些沒有經過加工的原始信息是雜亂無章的，沒有多大的價值，必須透過思考整合和提煉，才具有價值。

　　平時我們設計圖表時總是想給受眾傳遞更多的信息。設計者認為自己的製作完美無缺，詳細地傳遞了信息的每一個細節，然而對於受眾來說，過多的文字和信息在他們的大腦中造成混亂，防礙了他們把握信息的關鍵點。

　　圖表的好處就是簡單，往往越簡單越有深刻的表達力。圖表越複雜，傳遞信息的效果就越差。更快更準確地反映要傳遞的信息，首先要正確選用圖表，選對圖表才能以最小的空間，最少的文字，更明確地顯示信息間的關係，準確表達你的觀點，幫助聽眾關注重點內容，否則可能引起誤解。

　　選擇圖表的邏輯順序是：弄清楚自己想要表達的信息和人們關注的信息是否一致，找出二者的聚焦點，然後確定信息間的關係，進而確定恰當的圖表形式。

　　人們通常使用的圖表分為五種基本形式：餅狀圖、條形圖、直條圖、折線圖和散點圖。

　　顯示各部份佔整體的比重，即每一部份所佔的百分比，其所要表達的關鍵詞是：佔有率、百分比、預計將要達到的百分之多少，主要採用的圖表是餅狀圖。

　　將本企業的各種比率值用線聯結起來後，就形成了一個不規則閉環圖。它清楚地表示出本企業的經營態勢，把這種經營態勢與標準線相比，就可以清楚地看出本企業的成績和差距。

　　人們都是視覺化的動物，也許無法記住長篇累牘的文字，以及

它們之間的關係和趨勢,但是可以很輕鬆地記住一幅圖畫或者一個曲線。

在工作中多用各種圖形、圖表來表達和印證你所要表達的觀點,可以使數據更吸引人,方便人們閱讀和評價。請看下例。

這是某公司在 2004～2008 年這五年的財務數據:

以百萬元為單位,2004 年淨銷售額為 390,2005 年為 420,2006 年為 480,2007 年為 515,2008 年為 530。

同樣是以百萬元為單位,2004 年公司的收益為 25,2005 年增長到 40,2006 年為 37,2007 年達到一個高峰為 45,2008 年的收益只有 27。

這段文字用表格表現,如下表所示。

表 5-5-1　2004～2008 年財務數據表

單位:百萬元

年份	2004	2005	2006	2007	2008
銷售額	390	420	480	515	530
收益額	25	40	37	45	27

公司的財務總監要向總經理呈現公司的盈利狀況,以便確定公司未來的發展方向。密密麻麻的財務報表和大量的數字會浪費公司的決策者和其他相關人員大量的時間。一張盈利趨勢圖能夠起到四兩撥千斤的作用。

在製作圖表的時候可以將絕對化的數據化為百分比,以 2004 年的數據作為基數,各年的真實數據轉化後得到了新的數據,這種通用的數據便於比較分析。

圖 5-5-1 M 公司 2004～2008 年財務數據分析圖

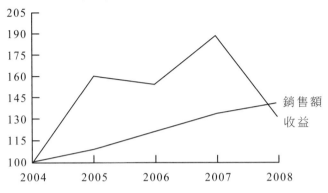

指數：2004＝100

從圖 5-5-1 中一眼就可以看出公司淨銷售額逐年增加,公司的收益卻呈現出很大的不確定性。

2.對比化

對比就是把具有明顯差異、矛盾和對立的雙方安排在一起,進行對照比較的表現手法。

運用這種手法,有利於充分顯示事物的矛盾,突出被表現事物的本質特徵。在把文字信息圖表化的過程中,首先要考慮文字信息能否體現對比關係,如果含有對比關係,那麼圖表的作用就是強化文字信息中表現出的對比關係,使對比更加強烈,更能被人認知。

對比化就是營造一種反差,是差異化的一種表現形式。

文字信息體現的關係是繪製圖表的依據。因此,信息圖表化在保證傳遞信息準確的基礎上應該把焦點放在如何展現信息的關係上,對於對比關係信息,圖表應該使對比關係更加強烈。一個好的圖表能夠強化文字信息所反映的關係。

例如，分別把三種檔次的車型按年份排列，做成柱狀圖進行分析。如果要分析三種檔次中某一種檔次的汽車在 1996～2001 年這六年中的生產變化情況，用這樣的柱狀圖來對比還是比較麻煩的，因為每個年份之間都隔著兩種其他檔次的汽車產量的情況。

另一方面，如果要分析 1996～2001 年這六年中每一年的汽車總產量的變化情況，很顯然一個簡單的柱狀圖是很難做到的。為了加強對比效果，可以做一個細分柱狀圖表。

顯然，對於汽車每年的總產量對比來說，細分柱狀圖表現得更加突出，隨著年份的增長，汽車的總產量也在不斷地增加。而對於每種檔次的汽車對比來說，用折線標示出來，讓讀者可以很容易就得出對比結果。

如何使圖表的對比效果更強烈呢？這就要讓你的對比結果清晰地呈現在讀者面前，讓讀者一看到你的圖表就知道你想表達的對比關係，並且可以很容易地讀懂對比的目的，也就是你透過對比想說明什麼問題。

能對比兩個項目的時候，絕不對比三個。

對比的項目過多就會減弱對比的效果。儘量不要同時對比多個項目，如果需要對很多項目進行對比，要儘量簡化其中的不必要項。例如：

某生產工廠有甲、乙兩個生產作業組，在過去的三個月中，甲組中 A 分別生產了 55、58、57 件產品、B 分別生產了 49、56、52 件產品、C 分別生產了 63、58、52 件產品；而在過去的三個月中，乙組中 D 分別生產了 44、49、53 件產品，E 分別生產了 51、48、47 件產品，F 分別生產了 50、53、55 件產品。

　　上面這段信息如果用圖表表示，一般情況下，可以將甲乙兩組的 A、B、C、D、E、F 分別用柱狀圖列出來。但這樣列示，個人之間的差異不是很明顯，而且也體現不出組與組之間的差別，為了讓對比更鮮明，可以採取減少對比項目的辦法，不對個人產量進行對比，而是以組為單位進行產量對比。這樣就可以明顯地發現甲組的工作效率遠遠超過乙組。

3. 差異化

　　差異化顧名思義就是指不同，表現在一個圖表中的差異化就是指圖表內部具有的對立因素和對立趨勢。

　　在信息圖表化的過程中，圖表內部具有的對立因素越多、對立趨勢越明顯越好。因此，在使用圖表時，可以適時地製造一些差異。

　　在圖表製作過程中，如果現有信息間體現出的差異化不是很明顯，可以人為地增加某種元素，使圖表元素之間的差異化更大。

　　某乳品公司 2001～2005 年的銷售收入利潤率的變化並不是很大，最大值與最小值之間相差很小，用一般圖表顯示其整體變動趨勢是十分平緩的。為了突出圖表內部的差異化，可以加入乳品行業平均銷售收入利潤率，與該乳品公司的數據構成差異。把乳品行業的平均銷售收入利潤率以折線圖的形式置於直條圖之上，首先在圖形變化上形成差異；其次，在內容上，該乳品公司銷售收入利潤率與行業平均水準形成差異。

　　在圖表製作中，差異化越多、越大，效果就越好，這樣才會給讀者留下深刻的印象。

　　某企業 1999～2003 年五年中產品 A 市場佔有率的變化情況，分別用五個餅狀圖依次按時間順序排列，結果發現，用餅狀圖來表

示，產品 A 在市場上的佔有率隨時間而變化的趨勢並不是很明顯，也很不直觀，而且還佔用了大量的空間。

像這種以時間順序反映某種事物的曲折起伏的變動趨勢的，可以採用折線圖，它能更好地反映出事物的變動趨勢，營造一種視覺差異，直觀地反映事物的本質。

從折線圖中可以看出，產品 A 的市場佔有率是極其不穩定的，1999～2000 年市場佔有率迅速上升，達到最高點；2000～2001 年又急速下降，達到最低點；2001 年之後，產品 A 的市場佔有率趨於穩定，呈現出乎穩上升的趨勢。

雖然以上這種變化情況客觀存在，但只有透過折線圖才能淋漓盡致地展現出來。

對於每個公司來說，年銷售額在百萬元以下和百萬元以上的產品的對比情況可以很容易看出，但是，從六個公司整體來看，這種產品的差異化就不是很明顯了。為了彌補這一缺陷，可以使用水準條形圖來取代垂直條形圖。

把年銷售額在百萬元以下的產品所佔百分比放在條形圖的一端，把年銷售額在百萬元以上的產品所佔百分比放在條形圖的另一端，兩者形成鮮明的區別。從圖中可清晰辨出，在所有公司的所有產品中，年銷售額在百萬元以下的佔有較大的比例。

4.創新化

創新就是在原有資源(工序、流程、體系單元等)的基礎上，透過資源的再配置、再整合(改進)，進而提高(增加)現有價值的一種手段。

創新都是在現有資源基礎上的再創造，因此，創新離不開在現

有基礎上的聯想。任何創新都不是憑空臆造的，所有的創新都來源於人類對於發現的再創造。從發現到再配置、再整合，聯想均起了至關重要的作用。

在圖表製作過程中，怎樣在原有資源的基礎之上運用主觀聯想達到圖表的再造與創新呢？

首先，聯想是指當一種事物與另一種事物相類似時，人們往往會由此及彼。把手中的文字信息材料與自己體驗、經歷過的事物的相似點聯繫起來，就會使圖表的製作突破創新的困擾。例如：

藥品促銷包括兩種方式：臨床促銷和終端促銷。臨床促銷不力會導致藥品在流通環節積壓；終端促銷能對藥品銷售產生根本的拉動力，並最終決定了藥品的銷售量。高水準的終端促銷可以理順流通環節的各種關係，使促銷暢通無阻。

從後面關於臨床促銷和終端促銷的進一步解釋可以看出，二者的地位並不是平等的，終端促銷明顯重於臨床促銷，這就需要根據文字信息尋找一種更適合的圖表。由不等關係可以聯想到生活中常見的天秤，因此，可以把臨床促銷和終端促銷放在天秤的兩端，低端放終端促銷，高端放臨床促銷，終端促銷重於臨床促銷，讀者一目了然。

還可以由「根本拉動力」聯想到生活中的滑輪，重要的在下端，不重要的在上端，下端的因為重要而使滑輪受重下滑。

創新離不開聯想，創新需要在認真研讀、分析文本信息的基礎上聯繫日常生活中的形象，把文本信息置於合適的形象圖表之中。

還可以聯想到輪船上的舵。很顯然，輪船的舵上有一個中心和幾個把手，最重要的部份就在方向盤的中心，將幾個要敘述的事項

分佈於週圍的把手上，整個圖表清晰明白，給人以動感。

圖表創新是沒有窮盡的，只要插上想像的翅膀，就會創造出千變萬化、形狀各異、各具特色的圖表。

創新並不是圖表創作的根本目的，創新是服務於內容基礎上的創新。使用圖表的初衷是服務於內容，好的圖表設計應該能彰顯重點信息，花哨而失去重點的圖表是很失敗的。

例如，想要表達某企業的品牌資產，品牌資產包括五個部份：品牌忠誠度、品牌認知度、品牌感知度、品牌聯想、其他專有資產，這是整個圖表要表達的中心內容。用一幅「品牌資產花」的形式表現出來，其實是很有新意、很形象的，象徵著開花結果的品牌資產。

但是，創新必須服務於內容，使中心內容更容易讓人記住。但有花、有葉，還有小草，顯然會給人一種雜亂無章的感覺，上面的花辦與下面的葉子、小草平分秋色，沒有主次之分。品牌資產這五項內容才是關鍵、重點，應該加以強調，而其餘東西只是陪襯，只需大略描出花朵的輪廓即可，所以小草在圖中純屬多餘。

好的有創意的圖表設計，版面上的每一個設計元素都應該有其存在的意義，將設計巧用於內容中，使讀者在不知不覺中完成內容閱讀而無視覺上的疲勞感，是圖表創新的真正使命。

再如，人員招聘的流程，計劃、招募、選拔、錄用、評估，這是按事件的先後順序來排列的，用一條帶箭頭的折線呈上樓梯狀就能表明事件的先後順序，範本雖然簡單卻極具創新性，五個帶陰影的小圓圈由低到高，給人以跳躍的動感。

把創新與圖表的內容結合起來，創新必須服務於圖表的內容，這樣的創新才是圖表創新的根本所在。

6 圖片讓圖表更形象

　　也許你早已厭倦了條形圖和柱狀圖，也早已經對死板的餅狀圖和折線圖提不起任何興趣，但是請別灰心，只要你把合適的圖片加入其中，就會重新愛上它們，因為圖片會使你的圖表更形象。

　　圖形是一種說明性的視覺語言符號，圖表設計隸屬於視覺傳達設計範疇，它透過圖示、表格來表示某種事物的現象或某種思維的抽象觀念。圖表設計同樣需要創意。

　　設計圖表時，運用「視覺性比喻」形象地表現想要闡明的信息。視覺性比喻包括日常能夠看到的事物，例如用兩隻緊握的雙手表示合作與共贏，用迷宮表示不知道未來的發展方向等。這些形象的表達都可以增加想要表達含義的形象性，從而加深聽報告者的印象。

　　在自己的報告、簡報或者文章中使用視覺性的圖形可以給人留下深刻的印象。圖形的設計同樣需要創意，除了文中列舉的五種基本圖形、一些指示符號、幾何圖形外，設計者還可以充分發揮自己的想像和聯想，找到事物的相似、相關、相對、因果等關係和特徵，把圖形簡化、擴展、美化、修改等，直到自己滿意為止。

　　形象化的東西總是能夠賺足人們的眼球，在圖表中，根據圖表的內容和目的，使用相應的圖片來表現，不僅可以吸引聽報告者的注意力，還可以增加做報告者與聽報告者多管道的溝通，引發情感

上的共鳴，促進信息的接收和理解。

在圖表中插入圖片，主要有以下幾種情況。

1.插入背景圖片

在某些 PPT 中，為了使單調的圖表更具吸引力，設計者會選擇一些與圖表的上下文背景相關的圖片作為背景圖片。圖片必須是與圖表的主題相關的，並且能使讀者對圖表的主旨一目了然。

例如某集團 2005 年各公司商品房銷售額情況，如果僅僅以條形圖展示，恐怕不能很好地吸引人們的目光，但是配上高樓林立的背景圖，立刻就讓你的條形圖具有了活力。背景圖和條形圖首先要在主題和色調上保持一致。

其次，作為背景的圖片千萬不要喧賓奪主，條形圖才是你真正要傳達的信息，因此，要處理好背景圖的亮度和對比度。一般來說，背景圖的亮度要高，對比度要小，這樣才會給人一種充實的感覺，讓人很容易分清主次。

2.放置比喻圖片

如果你想讓聽眾在你還沒有深入分析之前就能一眼看出圖表所反映出的數據是好是壞，這時你可以增加一些具有特殊含義的圖片。

例如食品公司 1990～1996 年的銷售情況，從數據可以看出：該食品公司的銷售額在逐年下滑，到了 1996 年已經跌到了 0.4 億元，公司已經處於十分危險的境地，所以可以在柱狀圖的右上方加一個「地雷」的小圖示，表示公司經營存在風險。像這樣的小圖示佔用不了多少空間，也不會喧賓奪主，但卻使整個直條圖更加形象生動，類似的小圖示還有獎盃、小紅旗、大拇指，小太陽等等。

3.用圖片替代分類標籤

在使用圖表時，都會涉及到分類問題，有時候如果某一分類標準以公司為依據，就可以公司的 LOGO 為標籤。

用大家耳熟能詳的、能代表特定事物的標籤作為圖表中的分類標籤字，圖表將更形象。

例如 2008 年雞、鴨、鵝、豬、羊的銷售情況，為了使圖表更形象，在條形圖的分類標籤中，特意選取各類家禽及豬羊的圖片作為標籤，使整個圖表看起來更醒目、更活潑。

4.用圖片填充柱狀圖/條形圖

為了使圖表更加形象，可以用一些小圖片取代柱狀圖和條形圖：如圖形是反映銷售利潤的，就可以用錢幣代替柱形或條形；如圖形是反映汽車銷量的，就可以用小汽車代替柱形或條形；當然還可以用其他的一些圖形如小樹、小房子、小人等。

不過這種用小圖案替代條形的方法具有一定的局限性，就是這種方式表達得不是很精確，在要求精確度的情況下，最好不要採用這種方式。

7 形象化的視覺語言

視覺語言是由視覺基本元素和設計原則兩部份構成的一套傳達信息的規範或符號系統。其中，基本元素包括：線條、形狀、明暗、色彩、質感、空間，它們是構成一件作品的基礎。設計原則包括：佈局、對比、節奏、平衡、統一，它們是用來組織和運用基本元素以完成信息傳遞的原則和方法。

在管理工作中用到的魚骨圖就是一種新穎而形象的圖表：工作中總是會遇到各種各樣的問題，人們透過腦力激盪找出這些因素，並將它們按相互關聯性整理成層次分明、條理清楚，並標出了重要因素的圖形。經過設計者修改完善之後其形狀如魚骨，所以又叫魚骨圖（見圖 5-7-1）。

圖 5-7-1　魚骨圖

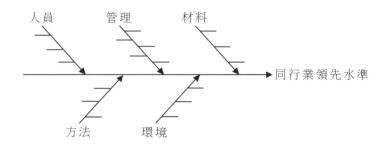

　　魚骨圖集中於問題的實質內容,清楚明瞭地呈現出了重要問題(如大的魚骨)和問題的主要方面(小的魚骨),使管理者能夠對症下藥,積極地採取應對措施。

　　視覺語言傳達一個意圖更多依賴的是人的生理感受和直覺。經實踐檢驗證明,理解性與趣味性呈正相關關係,所以人們在圖形設計中可以達到既有趣又便於理解的效果。有時候找到了圖形的信息與主體的關聯性,可以大大增加傳遞效果。

　　在圖表設計中要打破慣性思維,善於發揮想像,對無形五色的抽象概念和平淡的文字及單調的數據用比喻、誇張、擬人和象徵性的視覺語言來表達,甚至還可以在設計時展現自己特有的藝術風格。

　　「生活中不缺少機會,缺少的是發現機會的眼睛」,一個演講者正在擲地有聲地闡釋他看待成功的觀點,並指出了探尋機會的五種途徑。在他的 PPT 簡報中,他形象地運用了人眼作為他這一頁簡報的主題,他的這頁簡報讓在座的聽眾精神為之一振,他們的臉上煥發出異樣的光彩。這個演講者成功地讓受眾接受了他的觀點,並且引起了共鳴。

　　從文字要反映的信息入手,充分發揮想像力,用形象化的視覺語言表達出信息的實質。

　　例如,可以用沙漏來表達某一事件存在的 4 個問題,這些問題是整體存在和發展的阻礙因素,也許這些問題並不是很起眼,也沒有引起足夠的重視,但是,它們就像沙漏中的沙子一樣,隨著時間的流逝,沙子也會慢慢流完。利用一個沙漏,不僅描述了這些問題,而且也隱含了這些問題存在的危害,十分形象生動。

在圖表中,把平淡無奇的語言,用形象化的方式表現出來,需要掌握以上技巧,更需要插上想像的翅膀,創造出屬於自己的形象化圖表。

8 遞進關係圖表化

熟悉將信息轉化為圖表的過程,並不意味著就可以將信息直接轉化為圖表了,因為在轉化過程中,還需要注意很多的小細節,而這些小細節又決定了圖表的最終效果,「細節決定成敗」在這一點上非常適用。

將遞進關係轉化為圖表,重在遞進關係的表現,下面根據每一種圖形各自的特點分別闡述。

1. 金字塔式圖形

金字塔式圖形是表示遞進關係時最常用的一種圖形。

金字塔式圖形的排列順序是有一定要求的,如馬斯洛的需求模型,人的需求是逐層遞增的,每一層次都有固定的位置,如果將圖中任意兩種需求的位置互換就會失去這個圖形存在的意義,也就無法表現遞進關係了。

金字塔式圖形是由多個層級疊加構成的,因而,為了保持圖形整體的觀感,必須保證兩條:一是層級不宜過多,最好不要超過八層;二是每一層級的高度應該是相等的,千萬不能參差不齊。

　　金字塔式圖形反映的是整體的遞進關係而不是強調個體。所以，在製作金字塔式圖形時，要儘量少用對比明顯的顏色。如果為了整體視覺效果，可以整體鋪底色，不要只為某一層級加底色。單單給某一層級加底色，容易讓人誤以為在強調這一層次，而實際上要表達的卻是整個圖形。

　　在具體應用過程中，金字塔式圖形也可以有各種各樣的變形，但依然要保證能夠表現出遞進關係。

　　把金字塔的頂部取消，而主題的梯級結構仍在，也就是說，新的圖形實際上變成了一個梯形，由於仍然是底部寬、頂部窄，所以仍然可以表示遞進關係；如果完全變成一個長方形，底部與頂部等寬，這樣就無法形成有效的遞進關係，這一圖形只能表明各個層級之間存在著一定的並列關係。

　　實際上，就算把金字塔圖形倒置過來了，圖中各層級之間的遞進關係依舊，仍然可以很恰當地表示遞進關係；而如果把金字塔圖斜放，儘管從圖形本身來說，並沒有什麼不可以，但這樣擺放卻無法清晰地說明各層級的遞進關係了。

2.多重箭頭式圖形

　　多重箭頭式圖形，與金字塔式圖形相比，可以更好地表現各個層級之間的關聯。同時，它也是一個很不穩定的圖形，讀者在應用時，可以根據自身的需要將圖形做適當的變形處理，只要保證能夠反映層次之間的遞進關係就可以了。

　　由於箭頭較多，為了能夠使多重箭頭的視覺效果更加強烈，應儘量保證所有箭頭的中心在一條直線上，切忌隨意改換中心的位置。

當每個箭頭的中心不再呈直線排列時,就會產生以下兩個問題:一是圖形整體效果大打折扣,缺少了可觀賞性,也就失去了用圖形表示信息的意義;二是由於每個箭頭各有所指,使其表示的含義難以形成遞進關係。

同時,要保證箭頭的中心點距左右兩條邊的距離是相等的,不可讓箭頭偏向任何一個方向。

多重箭頭式圖形,描述的是各個層次之間的遞進關係,尤其是層次與層次之間也存在著程度加深的關係,因此,要保證所有箭頭的方向與圖形的總體方向一致。

第一層次與第二層次之間、第三層次之間的關係混亂,都不能保證一致的遞進方向,因而無法正確傳遞所要表達的信息。

心得欄 _

_ _

_ _

_ _

_ _

9 包含關係圖表化

要將包含關係圖表化，首先需要明確母集合內部的各子集合是否存在交叉關係，然後再根據交叉關係的特點選擇合適的圖形。

1. 無交叉包含式圖形

無交叉包含式圖形，一般用於表達全包含的概念，多用來表示雙層從屬關係。具體應用時，也以橢圓形居多。

無交叉包含關係要求各個組成部份有一個確定的中心點或交點。例如，用的最多的橢圓形就要求內部各橢圓有相同的交點或圓點。

構成包含關係的各個集合有著嚴格的層次關係，所以，在繪製圖形時，不能將表示集合的任意兩個圖形互換。

本項包含關係為：「全體員工」包含「管理者」這一子集合，而「管理者」又包含了「高層管理者」這一子集合，但在錯誤圖形中，將「高層管理者」和「管理者」，這兩個集合的位置進行了互換，使其包含關係發生了變化。按照錯誤的圖形，其包含關係只能表示為：「全體員工」包含「高層管理者」這一子集合，而「高層管理者」，包含「管理者」是一個明顯錯誤的論斷。

無交叉包含式圖形比較固定，變形較少。使用最為頻繁的就是圓形或橢圓形兩種圖形。

也可以變形為三角形。用正三角形來表示包含關係，如果是由中心向外發散式的包含關係，那麼，首先需要遵守該關係的第一條定理：「要有明確的中心點」；如果以一條邊為軸向外擴展，則需要讓 3 個三角形的三條邊重合於一條直線，並且保證 3 個三角形的底邊中點重合於一點。

2.交叉包含式圖形

交叉包含式圖形，是一種與無交叉包含式圖形相對的圖形，其構成母集合的子集合之間存在某些交集。用圖表來表現這種交叉式包含關係時，多採用橢圓形圖形。

在整個橢圓形的內部交叉的圓，要保證交叉圖形的中點即為整個大橢圓的圓心；同時，還需保證相互交叉的圓形是相同的。

對於一個表述相互交叉關係的圖形來說，交叉部份是最引人注目的，人的視覺很容易被這一交叉部份吸引；同時，對於整個橢圓形來說，圓心又是最吸引眼球的，所以，要強化對整個圖形的關注度，就必須保證交叉圖形的中點與整個大橢圓的圓心重合。

如果兩個交叉的圖形不一樣，一則難以找到交叉圖形的中心點；二則整體感官效果不佳，不利於表現包含關係。

交叉包含式圖形中，相互交叉的圖形要包含在橢圓形的內部，不應該越出橢圓形。兩個相交的圖形如果越出了橢圓形的邊線，這樣，原本要表達的包含關係也就不復存在了。

在交叉包含式圖形中，還可以透過色彩差異來強化交叉關係。透過加深交叉部份的顏色，使讀者很容易看到交叉部份，也就比較容易凸顯這種交叉包含關係了。

10 並列關係圖表化

並列關係是所有信息關係中最為簡單的一種。

1. 分條並行圖

分條並行圖是表現並列關係時最常用的圖形。由於相鄰條款之間並不存在直接關聯，因而，在製作圖形過程中，相應的約束條件也比較少。

繪製分條並行圖必須確保「三個一致」原則，即「每個條形的高度一致、寬度一致、條與條之間的間距一致」。

由於處於並列關係的各條信息的字數不一致，有的需要佔兩行或者更多行，就會考慮將圖形的高度提升，實質上，在提升圖形高度的同時，也改變了各條之間的平等關係。

一般遇到字數長短不一，而且又不需要換行的情況，只要以字數最多的為準，將各條的寬度進行統一就可以了。

大多數情況下，在製作分條並行圖時，都會根據信息的重要性進行一定的排列，重要的位於前列，不是很重要的就比較靠後，但這種排列只是為了迎合信息接收者的需要，對於相互之間處於並列關係的信息而言，位置並不是固定的，是可以交換的。

分條並行圖可以根據實際需要為每條信息提取獨立的名稱，同時，也需要將圖形做出相應的調整。一般情況下，填寫標題的圖形

只要保證與各條形相協調就可以,但各條形圖之間必須遵循「三個一致」的原則。

2.組合並行圖

組合並行式圖一般多用來表示一個整體中的各個部份之間的並列關係,其使用過程中受到的約束條件較多。

組合並行圖與分條並行圖最大的不同點就在於,組合並行圖要求各因素的結合能夠構成一個整體,而分條並行圖則沒有這種要求。例如:

某公司的培訓課程體系包括按職級劃分的培訓體系、新員工入職培訓體系、按職能劃分的培訓體系三種,即「按職級劃分培訓體系」+「新員工入職培訓體系」+「按職能劃分培訓體系」=「培訓課程體系」。而三類培訓體系之間也是獨立的,因此,這就能構成一個完整的組合並行式圖形了。

如果上述等式不能成立,這個圖形就失去了它的意義。例如,上述信息這樣表述:「某公司培訓課程體系包括按職級劃分的培訓體系、新員工入職培訓體系、按職能劃分的培訓體系以及其他相關技能培訓體系等等」。因為這段信息最後是「等等」,也就意味著還有若干種培訓體系,所以三部份信息相加仍然無法構成一個整體,也就不能使用組合並行式圖形了,只能採用分條並行式圖形。

組合並行式圖形要描述的是並列關係,所以,各個組成圖形也應該保持一致。只有各部份圖形一樣,而且交於中心點才能表示信息之間的並列關係。

組合並行式圖形的空間有限,所以這類圖形比較適合表達字數較少的信息,文字較多的信息則適合用分條並行圖來表達。

　　組合並行式圖形不僅要求內部的各構成圖形要規則，同樣要求外部整體圖形也是規則的，而且每個邊都應該是一條直線。

11 總分關係圖表化

　　總分關係反映的是總述與分述的關係。將總分關係圖表化，就是要將總分層次圖形化，以使信息接收者更加容易接受。

1. 多重總分關係圖形

　　多重總分關係圖形應盡量保證整個圖形能夠圍繞一條中線對齊，這樣就比較美觀。如果中線的上下兩部份包含的圖形數量不一致，那就要盡量保證表示總述關係的圖形在中線上。

　　總分關係圖形中，由於每一層次表現的信息數量不同，圖形數量也就不同，但為了與整體保持一致，應盡量確保每一層次的圖形一致。如果各層次圖形大小不一，就會給信息接收者帶來不必要的麻煩。

　　用圖表來展現信息就是為了給信息接收者以輕鬆愉悅的接受氣氛，各層次大小不一的圖形非但不能給接收者以美的享受，還很容易引起接受者的厭煩。

　　最常用的總分結構除了上面介紹的這種總分關係圖形外，最為典型的就要數魚骨圖了。

　　例如，要實現「行業領先水準」就要做好「利潤增長」、「客戶

服務」、「技術創新」、「提升管理水準」等工作,而要做好這幾項工作,還需要進一步做好一系列的相關支援工作。例如,要實現「利潤增長」就要提升「銷售額」和「毛利率」,同時降低「銷售成本」。

2.單重總分關係圖形

單重總分關係圖層次少,所以表現形式比較靈活。

在繪製單重總分關係圖形時,應注意各個子項的間距相等,並且能夠在一條直線或弧線上排列。當各個子項間距離不等時,會給人一種混亂的感覺。

在單重總分關係中,「總項」的位置一定要處於視覺的最佳位置。一般情況下,「總項」的位置與整個圖形的表現形態相關。

一幅發散型的圖形,中心位置是視覺的最佳位置,所以,五角星的正中間就是「總項」的所在了,而作為一個從左向右的圖形,左側中間就是「總項」最合適的位置。

單重總分關係圖形一般可以按照內容板塊的數量來設計,「總項」始終都在中心位置。這種最大的優點是可以根據子項數量的多少添加外環上的圓圈,而整個圖形的外觀卻不會發生變化。子項的數目可以隨著圖形的增大而增加,但應儘量保持子項之間有一定的間隔。

12 對比關係圖表化

　　對比關係是信息之間最為普遍的一種關係，也是將數據轉化為圖表時最常見的一種關係。

1. 柱狀圖

　　柱狀圖是所有對比圖形中使用最為廣泛的一種圖形，也是企業日常彙報、報告中最常用的圖形，在使用柱狀圖時，應注意以下幾個問題。

　　人的視覺在第一時間不可能對過多的信息做出清晰的比較判斷，所以，為了凸顯對比的效果，最好將柱狀體的數量控制在 8 個以內。

　　例如某公司近六年銷售額的增長情況加以表現，如果柱狀體過多，加之年份相連過近，相鄰數據對比又不是特別明顯，就會使得對比效果大打折扣。如果需要進行多年度的數據對比，最好將數據轉化為折線圖或者將相鄰的兩年或三個年份合併匯總後，再進行綜合對比。

　　在應用柱狀圖進行數據對比時，經常會出現強調某一年或一個季數據的情況。這時就需要對某一柱狀體進行強調，通常做法包括以下兩種：一是將強調的柱狀體加重顏色，使之與其他柱狀體區分；二是在強調的柱狀體上加箭頭以示區別。用這兩種不同的方式

進行強調,效果是一樣的。

在很多情況下,需要對比的數據並不是單一的,而是有至少兩種數據進行對比,這時候就需要繪製雙體柱狀圖了。雙體柱狀圖主要分為兩種:一是完全獨立的雙體柱狀圖;二是重疊式雙體柱狀圖。

在使用雙體柱狀圖時應該注意,進行對比的兩個項目一定是可以用同一度量反映的項目。

有些時候,為了能夠更加直觀地反映數據的變化,對柱狀圖也會進行一些適當的調整。

2.點狀圖

點狀圖中數據的每個點都是一個獨立的數據,但其總體分佈狀況則表現了兩種因素之間是否存在必然的關係。因此,點狀圖多用來表現某些規律性的概念。

點狀圖一般情況都是用來說明某些規律性的東西的,如隨著價格的上漲,銷售量是否會下降等等。只有當反映變化的各個散點能夠聚合在趨勢線附近,才能說明規律成立;否則,無法說明此規律是成立的。

無論在工作中還是在生活中,在確定了某一計劃或者範圍後,總會有一些特例的情況出現。而隨著時間的推移,特例就會越來越多,這時候就需要對所有的特例與範圍進行重新定義。

例如,每個企業都會有一定的薪酬標準,而隨著人才需求的急迫或者稀缺人才的出現,總會有一些人的薪資是遊離於整個薪酬體系之外的,久而久之,就需要對公司的整體薪酬狀況重新進行評估。

對於一些不要求數據精密的點狀圖,可以根據實際需要將各個散點根據自身情況適當地放大,以使整個圖形更大、更逼真,這樣

也可以使整個圖表更加具有三位立體感。

3. 餅形圖

　　餅形圖常用來表現各種組成成分之間的對比關係，以及每一個獨立的組成成分佔整體的比重。

　　一般情況下，如果想要著力強調某一部份，可以採用以下三種途徑：一是直接在圖表的標題處加以說明；二是將圖表中代表這一部份的板塊加重顏色；三是讓這一部份從整體中分離出去。尤其是第三種方法，透過在整個圓中設立缺口的方法，將更加吸引人的注意力。

　　要表現的項目過多，是製作圖表的大忌。對於這類問題的處理，可以將所佔比重較大的子項單獨提出，而將其他若干所佔比重較小的子項合併。

　　例如公司共有 10 個生產分廠，而排名前三位的生產分廠就佔了總產量的 80%，一般情況下，將這 10 個分廠的情況表現在圖表上，那這個餅形圖就應該表示成十塊大小不一的扇形。

　　這樣的圖形，除了一、二、三分廠之外，其他分廠的情況既無法看清，又給讀者造成了信息堆積，將產量較小的分廠合併，列為「其他分廠」處理，就明確得多了。

　　在餅形圖的實際應用過程中，有時為了對某一部份進行著重介紹，還會在這一餅形圖的基礎上加上另一圖形，使其構成組合圖形。

13 遞延關係圖表化

　　遞延關係反映了信息之間的某種承接關係，這種承接關係可以是時間、空間或者是事情發展的先後順序等。因此，反映遞延關係的圖表必須能夠體現出承接的性質。

　　遞延關係的性質決定了不可循環遞延關係圖形具有明顯的前後承接關係，在某些情況下，不可循環遞延關係圖與遞進關係圖有些可以直接互換使用。

　　這種遞延關係的不可循環性決定了在製作此類圖形時，一定要有明確的「開始」和「結束」的信號。沒有明顯的「開始」和「結束」信號，很難讓讀者看到遞延關係從那裏開始到那裏結束。

　　遞延關係中各個子項之間都具有承接關係，因而，在製作遞延關係圖時，應儘量使圖形具有連續的色彩，而不能把各個子項變成「孤島」。

　　不可循環遞延關係圖要求子項之間的連續性，這一點與遞進關係相同，因此，部份遞進關係圖也可以用來表示不可循環的遞延關係圖。而如果割裂了各個子項之間的關聯，就很難看出各個子項之間有任何關係，更不用說整體所表現的關係了。

　　不可遞延關係圖形，可以表示時間、空間的位置轉換，因此，並不是每個圖形都像示例中的那麼規範，很多表示時間、空間的圖

形會呈現出三點排列，這時候，只要用一根線或箭頭將其連接起來就可以了。

採用這種圖形時，應該注意，這條曲線從開始到結束應該按照一定的順序：或是時間順序，或是空間轉換順序。

可循環式遞延關係是一種比較特殊的遞延關係，一般多用來表現某種循環往復發生的事情，而表現這類關係的圖形多是一些循環圖。

構成可循環遞延關係的各個子項，一定是可重覆發生的，如果其中任意一項是不能重覆的，都不能形成可循環遞延關係圖。

如果不能進入循環環節的只有第一個子項，但由於其整個系統已經不能形成一個嚴密的可循環的遞延關係了，所以，這個圖形是錯誤的可循環遞延關係圖。儘管如此，這個圖形在表現對應的關係時仍然是有效的，例如某一種關係，確實是除了第一個子項外，其他各項都可以循環發生，就可以用這個圖來表示。

由於各個子項是整個循環圖的組成部份，所以，為了保證循環圖的表現效果，整個循環圖的子項一般應控制在 3～6 項，最多不應超過 8 項。同時，子項越多，就越難以形成循環關係，如果其中任意一個子項不能構成循環關係，整個循環關係圖也就不存在了。

一個循環關係圖的構成可以有很多種形式，例如三角循環式、橢圓循環式等。上述兩種變形，只適用於子項較少的情況。

第 六 章

整個簡報過程的設計重點

1 簡報內容的優化設計

　　有位導演曾說過一句話:「一部戲要想吸引觀眾的眼球,必須上來就是高潮,接著又是一個高潮,最後又是更高的高潮。」

　　簡報雖不是拍戲,卻與拍戲有著異曲同工之妙。不能吸引觀眾的戲是失敗的,不能吸引聽眾的簡報同樣也是不成功的。

　　要想讓自己的簡報與眾不同,吊足聽眾的胃口,必須對整個過程進行細緻的設計。

　　內容是簡報的靈魂。但如果簡報內容的展現方式不能被聽眾接受,那麼,再好的內容也將無「用武之地」。如何才能更好地展現內容?如何才能更好地傳達簡報信息?

1. 巧用比喻

一個簡報不能期待你的聽眾全部都是「好學生」，只要你講他們就會自動自發地表示出極大的興趣。事實上，很多聽眾都是帶著抵觸心理來看你的簡報的。所以，簡報者必須採取一些柔性的方法，讓你的內容更容易讓聽眾接受。而將整個簡報內容用一個形象的比喻反映出來，是個不錯的主意。

簡報如果運用一個形象的比喻將深奧的道理講述得淺顯易懂，聽眾無疑會非常感興趣的。事實上，簡報者如果能在簡報過程中巧妙地運用比喻，不僅可以輕鬆地向聽眾傳達自己的主旨思想，還可以活躍整個簡報現場的氣氛。

下面以題目為「行動的力量」的簡報為例，具體說明一下比喻在簡報中的應用。簡報者在簡報時，將缺少行動的人比喻成一隻等食吃的白鷺。簡報者讓聽眾看 PPT 上那隻在水邊等食吃的白鷺的同時，不停地向聽眾宣傳著「沒有行動就一定不會有結果」的理念。

簡報在警告聽眾「沒有行動就一定不會有結果」之後，又用了一幅白鷺下水找食的 PPT 圖片，闡述了「只要行動，就一定能帶來收穫」的理念。

簡報透過白鷺的一舉一動，將「行動的力量」這一思想全面而準確地傳達給了聽眾。

2. 借用名言

雖然名人說過的話不一定就是真理，但至少在很大程度上是讓人信服的。正因為如此，簡報者在表述某一個想法時，如果能適當地借用一些名人的話，就可以在一定程度上增強自己簡報內容的權威性。

例如一位簡報者在向他的聽眾講述創新的時候,就引用了一段文學家的話。他用這句「其實地上本沒有路,走的人多了,也便成了路」來印證創新的意義。他認為:創新就是走一條前人沒有走過的路,就是一段問天尋路的歷程。

這位元簡報者在使用文學家的這段話時,又配上了一幅林間圖畫,滿地黃葉而無路可循,正印證了「創新需要走一條沒人走過的路」這句話。

簡報者在借用名言時,需要保證語境的相符,不能用一條與要簡報的內容毫無關聯的語句。當然,如果簡報所引用的名言都能找到與之相符的圖片就更加完美了。

3.借用名畫

如果簡報覺得借用名言有些太大眾化了,也可以考慮借用名畫來詮釋自己簡報的主題。

借用名畫,並不是一定要圍繞名畫本身來打轉,簡報者可以講述名畫的由來、背景以及所表達的意義等,只要做到與簡報主題貼切就可以了。

4.借用音樂

簡報者如果喜歡音樂的話,也可以嘗試在簡報的過程中放一些經典名曲以渲染氣氛。如果簡報者選擇的曲目與簡報的內容能夠交相呼應,那往往能收到錦上添花之效。

例如,有一位對古典名曲癡迷的簡報者,在給一些銷售人員做銷售方案規劃時,就借用了一下經典名曲——《十面埋伏》。他是這樣將曲中的意境與自己要表達的意思聯繫起來的。

「這次銷售行動,對我們公司意義重大,甚至可以說成是我們

公司向競爭對手的一次亮劍。因此，我們在做好充分準備的同時，必須拿出必勝的勇氣。概括整個銷售方案規劃，可以分成戰前準備、制勝一擊與後續工作三個階段，而這也正與《十面埋伏》所表現的意境相暗合。《十面埋伏》雖分為十幾個小段落，但卻可以歸納為三個部份：第一部份寫漢軍戰前的演習、點將、列陣，大戰前的準備；第二部份寫楚漢短兵相接、刀光劍影的交戰場面；第三部份是大戰落幕，包括了項羽烏江自殺與漢軍凱旋的情形。」

在簡報 PPT 過程中，每到一處結尾時，都放了相應的音樂段落來呼應簡報，使整個簡報與音樂渾然一體。

簡報者在借用名曲時，要注意以下兩個問題：一是樂曲的意境要與簡報的內容相一致；二是樂曲是作為背景音樂出現的，因而聲音不宜過大，以免影響簡報的效果。

心得欄 _____

----

2 簡報效果的設計

　　無論簡報用何種形式展現簡報內容，平面效果的設計都是必不可少的。沒有良好的平面效果展現，即使再好的簡報內容也無法吸引聽眾。以最常使用的 PPT 為例，一個好的 PPT 設計，不光要有豐富的內容，更要清晰易讀(配色、字體)、主題明確、設計風格符合主題、視覺效果賞心悅目。

1.顏色搭配

　　心理學家做過關於顏色對人的影響的實驗，發現在紅色環境中，人的脈搏會加快，血壓有所升高，情緒興奮衝動；而處在藍色環境中，人的脈搏會減緩，情緒也較沉靜。因此，為了使 PPT 更好地發揮信息傳遞的作用，必須重視它的顏色使用以及顏色搭配問題。

(1)色彩運用的基本原則

　　簡報者進行 PPT 色彩搭配前，首先需要瞭解色彩運用的基本原則，只有這樣才能保證 PPT 整體色彩的和諧。

　　每一張 PPT 都應該根據內容設定一種主色調，而主色調的選擇又與表現的內容、文化、傳統相關。

　　很多顏色都有其特定的含義，簡報者應儘量遵循這一原則。如常用來描述生機盎然的「綠色」、用來形容深秋的「黃色」等。

在很多行業裏，有專門的代表顏色，這也需要簡報者特別注意。例如郵局常用的「綠色」、醫院常用的「白色」等。

在顏色使用方面，很多規矩是與傳統或者文化相關的，這也是簡報者不能違背的。例如很多有的公司以藍色為主色調、有的公司以紅色為主色調等。

(2)色彩搭配的基本色調

PPT 在進行配色選擇時，一般都會用到下面幾種基本的色調。

暖色調就是指能夠透過對視覺感官的刺激，給人一種溫馨、舒適的心理感覺的色調，如紅色、橙色、黃色、赭色等色彩。

冷色調是與暖色調相對的一種色調，其常常給人一種寧靜、沉穩的感覺，如藍色、青色、綠色、紫色等色彩。

對比色調就是透過強烈的色彩反差對視覺形成衝擊效果的色彩。例如在同一空間內將紅與綠或者黃與紫進行色彩搭配。

在進行 PPT 配色時，還要考慮範本底色的深淺度，如果底色深，文字或圖片的顏色就要淺一些；反之，底色淺的，文字或圖片的顏色就要深一些。

(3)色彩搭配的基本技巧

為了減少配色的煩惱，簡報者可以直接將 PPT 的範本設置成一種顏色，然後調整透明度或者飽和度，進而產生色彩的漸變。這樣的幻燈片看起來會給人一種色彩統一、層次分明的感覺。例如有些簡報用 PPT 就都只採用了黑色這一種顏色。

一般情況下，使用兩種色彩時採用的都是對比色調。具體做法是先選定一種色彩，然後選擇它的對比色。這樣透過顏色的強烈對比，給人一種視覺衝擊，提升 PPT 的整體觀感。

同一色系的使用與同一種色彩有些相近。一般是透過選擇幾種相近的色彩，使整個 PPT 產生顏色漸變的效果。例如淡藍、淡黃、淡綠，或者土黃、土灰、土藍等。簡報者在進行 PPT 設計時，可以在不違反色彩選用原則的基礎上，適當根據自己的愛好、興趣進行色彩搭配，但有兩點需要注意：一是在同一 PPT 頁面上，使用的顏色最好不要超過三種；二是背景色與文字或圖片的色差儘量要大，這樣比較有利於突出文字或圖片上的內容。

2.文字設計

PPT 設計中的文字設計，主要包括兩部份內容：一是文字數量的控制；二是文字效果的設計。

(1)文字數量的控制

文字數量的控制，主要是指簡報者要確保在 PPT 上反映出來的文字要精煉，精煉，再精煉。文字數量的控制方法可以概括為三個字，即「縮、合、轉」。

縮，指的是縮減、精簡段落或者是段落中的句子、文字等。能用一句話說明的問題，絕不用兩句話；能用兩個字說明的，絕不用三個字，像「您想……」、「您覺得呢……」這樣的辭彙在 PPT 中都可以省略掉。

如果一個簡報者的簡報文稿僅僅是像上面一樣的文字堆砌，是不可能吸引聽眾的興趣的，而且還有可能引起他們的反感。對於聽眾來說，他們不是要從簡報文稿上瞭解最詳細的信息，而是要從簡報者的口中瞭解。如果你一定讓他們從簡報文稿中瞭解的話，那麼，在他們的心目中，作為簡報者的你，就成為了一個多餘的人。

縮減的原則就是在保留最核心觀點的同時，盡可能地壓縮文

字，越少越好。

合，是指將兩段或兩段以上的內容用一段話概括出來，實質上，它也屬於縮減的另一種表現形式。如果幾段話中表述的核心內容比較相近或者有某種聯繫，單獨表述又有重覆的感覺，這時，就需要將其合併表述。

語句上存在著較多的重覆，而且羅列的條款較多，也不利於聽眾的吸收、消化，所以，可以對其進行合併處理。

轉，主要是指轉換文字的表現形式，即將文字信息所描述的關係用一定的圖形或模型表現出來。

為了整體效果的美觀，簡報者也可以進行適當的轉換，使其更具「美感」。

當然，也不是所有的文稿都可以用這種形式表現出來，簡報者在製作簡報文稿時，要充分考慮簡報內容之間的關係，只有這樣才能製作出最富「美感」的簡報文稿。

(2)文字效果的設計

對於一個簡報者來說，如果不能讓你的聽眾比較容易地看清簡報內容，那麼，你設計的簡報文稿顯然是失敗的。

字號選用方面，一般是標題字號最大，然後是副標題，最後是正文。整個標題的長度一般要佔 PPT 寬度的 1/3 至 3/4，左右適當留有邊距。如果標題太長，可分成兩行。整個標題的位置應在 PPT 的中間偏上一點，副標題的字號要小 1/3。

在設計正文字號時，還要考慮聽眾與簡報螢幕之間的距離，如果距離較遠，字號就要適當放大，反之，則可以選用稍小的字號。

正文內容因為較多，所以比較適合選用筆劃比較規則的字體，

如宋體、仿宋體、黑體、楷體等，而小標題則可以適當選擇筆劃變化比較大的，如隸書、魏碑、行楷等，大標題可根據內容選擇活躍或嚴肅一點的字體。但有一條需要謹記，即同級別的小標題字體、字號、色彩要統一。

如果 PPT 的空間允許，簡報者也可以將個別文字進行藝術化處理，以使簡報內容更加生動、活潑。

簡報者在設計字號與字體時，應該考慮不同字體在相同字號上有視覺上的大小差異，如同字號的黑體字因筆劃粗顯得較突出，而隸書、魏碑、行楷等就顯得較小。

3.對比效應

人的大腦總是會對「與眾不同」的事物留下深刻的印象，所以，為了能讓聽眾記住你的簡報，必須盡可能多地採用對比方法，將不同事物進行對比，反差越大越好！對比效應，就是突出事物之間的差別，並盡可能將這種差別放大，以足夠引起聽眾的注意。一個優秀的 PPT，往往都包含了一個清晰的焦點和不同元素之間的強烈對比。

對比效應反映在 PPT 的設計方面主要包括圖片與文字的對比、文字與文字之間的對比、圖表內部各要素之間的對比等。

(1)圖片與文字之間的對比

圖片與文字之間的對比，就是透過在簡報文案內容中適當插入形象化的圖片，以吸引聽眾的興趣，達到有效傳遞信息的目的。

相關研究證明，大腦在對圖片的記憶性上要遠遠好於對文字的記憶，也就是說，大腦更願意存儲形象化的信息。

右下角圖片的加入，使得簡報文本中對於目標設定理論中的解

釋更加形象、生動，也更加容易為聽眾所熟記。

　　簡報者在使用圖片與文字進行對比時，應該注意以下兩點。

　　①無論採用什麼樣的圖片，都要確保文字能夠清晰地反映出來，因為這種對比，歸根結底是為文字信息服務的。

　　②同樣的文字信息，展示在更大尺寸的圖片上，能夠給人留下更加深刻的印象。

(2)文字與文字之間的對比

　　並不是所有的文本都能夠插入圖片的，因此，同是一頁文本，需要突出某一部份信息時，就需要用到文字與文字之間的對比了。

　　文字與文字之間的對比，就是透過調整個別文字的字體、字號、顏色等，使其與其他文字產生明顯的差異，進而形成鮮明的對比。聽眾也就更容易記住簡報者的這一觀點了。

(3)圖表內部各要素的對比

　　用圖表表達信息時，有時為了強調其中某一要素或數據，也可以將圖表內部的各個要素或數據進行對比。

　　圖表內部各要素的對比就是要營造一種反差，使聽眾更容易記住簡報者所列舉的各項數據信息。

　　如果圖表中要表達的數據沒有可以直接進行對比的對象，也可以人為地設計一個對比的對象。

4. 整體效果

　　一張精彩的 PPT，某個局部的處理不一定是最好的，但一定是整體效果打造最出眾的。也就是說，如果只考慮局部內容的設計，也是不可能製作出完美的 PPT 的。一般情況下，為了使 PPT 的整體效果更出眾，除了色彩、文字以及對比效果之外，還應該遵循留白

原則、平衡原則以及一致性原則等。

(1)留白原則

人們常說，好的 PPT 一定有留白。所以，簡報者無論是在 PPT 中插入表格還是圖畫，都要保證主體的內容上不能及頂、下不能到底，無論上下左右都需要留出空間給聽眾，這樣才能讓閱讀 PPT 的人有一種不受約束的感覺。

留白在具體應用過程中，又會因 PPT 內容放置的不同而有所區別。

上圖下字式的板塊設計可以增強 PPT 的整體感。尤其是圖片與文字形成條型分佈，更能給人一種整體性的感覺。當整個頁面的內容濃縮在邊框中間時，上下以及右側的留白立刻顯現出來了。

簡報在設計這類 PPT 時應該注意兩個問題：一是 PPT 所展現的內容要比較精煉，不能過多；二是要保證 PPT 的內容分佈緊湊而有條理，不能給人以混亂的感覺。

左圖右字式的板塊設計是以圖片為中心展現內容的。一般情況下，需要在左側放置一個相對較大的圖片，然後，右側輔之以文字說明。為了吸引眼球，圖片需要放置在 PPT 的中間偏左的位置，而文字的數量應保證不超出圖片的範圍，這樣整個 PPT 的留白就很自然地出現了。

在左圖右字式板塊設計的 PPT 中，圖片佔據了中心位置，文字都是作為輔助內容出現的，因而，文字一般比較少，而且很少出現分段。

對於簡報者來說，設計全部文字式的 PPT 可能是最為困難的了，因為這種 PPT 裏缺少了圖片與表格的渲染。但正是這種 PPT

才更需要進行留白設計,否則,全部文字會讓看 PPT 的人喘不過來氣。可以採用模塊化設計,加上恰到好處的留白,為看 PPT 的人留足思考的空間,自然不會讓人有壓抑的感覺。

(2)平衡原則

和諧是一種美,但要在一張 PPT 中實現和諧,就必須首先做到「平衡」。這裏的平衡主要包括對稱與非對稱的平衡和三等分式平衡兩類。

一張以中線為基準對稱設計的 PPT,又會給人一種平和、正式和穩固的感覺:一張包含了形狀和大小各異的圖形的非對稱設計的PPT,常常會給人一種活潑而充滿動感的印象。所以,一套完美的PPT 一定是對稱與非對稱的集合體。

對稱設計的 PPT 強調居中和均等,強調中線的對稱效果。這種對稱不僅包括了圖片的對稱,更包括了文字的對稱。這樣就可以達到頁面平衡的效果,只是有時會給人一種單調的感覺。

如果作為簡報者的您非常不喜歡這種單調的設計,也可以採用非對稱式設計,在實現畫面平衡的同時,兼具強烈的視覺衝擊力,就更容易引起人的興趣了。

三等分式設計是根據黃金分割點的設計發展而來的。「黃金分割」被很多藝術家認為是最完美的分割比例。也就是說,如果將黃金分割運用到 PPT 當中,就能使 PPT 達到最佳的平衡效果,但由於1:1.618 這一比例在應用過程中計量比較困難,所以,很多人在設計 PPT 時引入了三等分概念,以便於實際操作。事實上,三等分式設計也能起到良好的平衡效果。其實,不光是 PPT,很多攝像師在取景時也是將拍攝對象放到三等分位置。

簡報者在按照這一原則製作 PPT 時，最好能事先在 PPT 範本上畫出兩縱兩橫的三等分線，這樣，在實際製作 PPT 時就會比較容易擺放圖片的位置。

⑶一致性原則

為了保證一套 PPT 的整體性，在很多時候，簡報者都需要遵循一致性原則。

使用元素的一致就是在一組 PPT 中多次使用相同或相似的元素，其實，這也是 PPT 範本設計的主要原則。

簡報者透過使用相同或相似的元素可以讓自己的 PPT 有一種整齊劃一的感覺。例如簡報者在製作一組關於流程設計的 PPT 時，給每張 PPT 的右上角插入一幅小循環圖，不僅可以增加一致性，而且還會給人一種專業的感覺。

為了達到協調統一的效果，也可以在每一張 PPT 的左上角都使用同樣的元素，增強 PPT 的整體性。其實，簡報者在具體製作 PPT 時，在遵循一致性原則的基礎上，也可以對每個元素進行適當的變化，以增加 PPT 的動感。

元素位置的一致是指在同一張 PPT 內部各個元素要按類別對齊，不能讓 PPT 上的任何元素顯得是隨意擺放的。

要注意兩個問題：一是圖形文字沒有排列整齊，因而給人一種凌亂的感覺；二是沒有進行適當的分類並把相近的元素擺在一起，而是將所有的元素都雜亂無章地排列，讓人感覺是幾個獨立的部份。

簡報者有時為了將文字對齊，可以根據需要改變文字的大小、字體以及顏色等等。

3 簡報的整體情節設計

如果把簡報比做講故事，那整個簡報過程就是故事發展的整體脈絡。是按時間順序正常推進還是採用倒敘的方式來個先果後因，那個部份應重點強調而那個部份可以蜻蜓點水等，這些都要在整體情節設計中確定。

1. 邏輯關係

在講述一段故事時，有正敘、插敘和倒敘三種方式。簡報時，也可以借用這三種表現方式來設計整個簡報過程。一般情況下，簡報可以遵循的邏輯關係如下。

(1)按事情發展順序

按事情發展順序是一般簡報者使用最多的簡報順序，這一順序反映了事件發展的時間先後關係。例如一個簡報者要向企業高層說明「規範化管理是企業發展的必然選擇」這一問題，可以採用層層遞進的推導方法，最後得出了「企業一定要認真推行規範化管理」的結論。按照簡報者的這種安排，聽眾需要按部就班地認真聽簡報者的講述，中間如果中斷或有事外出就無法理解結論是如何得出的了。

(2)先果後因倒敘式簡報順序

先果後因的敘事方式是與上面的按事情發展順序的敘事方式

相反的一種敍事方式。這種方式最大的特點是在分析原因之前，聽眾對結果已經有了認識，在聽的過程中，可以就自身比較關注的點或有異議的地方著重關注一下。

我們還是以上面的簡報為例進行說明，將上面那則簡報按照先果後因的順序重新編排如下。

對比之前的簡報，差距在那裏？兩種方式在內容上並沒有明顯的差別，但簡報的效果可能有很大的差距。對於聽眾來說，帶著疑問或想法去聽簡報，要遠遠好於漫無目的地聽一場簡報。事實上，如果聽眾先知道結論就能夠比較容易地分清此次簡報的重點和目標，進而判斷自己在接下來的簡報時間內應該將主要精力集中在那個方向，而且還會根據自己的理解適時地與簡報者形成互動。

當然，這樣做也有一個缺點，就是對最終觀點持較大異議的聽眾可能當場提出抗議，導致簡報無法繼續進行。這時，最好的辦法就是先不透漏最後的總目標，採取階段鞏固、分步達成共識的方法。

(3)階段總括式發展順序

階段總括式發展順序總體上仍是按照事情發展順序來進行簡報的，只是為了便於與聽眾達成最終的一致，採取了階段總結的方式，這樣就可以有效地避免最終意見的不統一。

採用這種簡報方式時，需要簡報者能夠隨時掌控簡報的節奏，適時提醒聽眾自己簡報的重點以及可能得出的重要的、有價值的結論。

總之，簡報者採用那種方式來設計簡報過程還要取決於簡報的內容和聽眾的特點。但有一條需要簡報者謹記：簡報過程 90%的活動內容，都要與對得出結論有利的論據相關。

2.輕重緩急

為什麼同樣一段文字，朗讀家讀出來和普通人讀出來效果會大相徑庭？因為朗讀家比普通人能更好地掌握語調的抑揚頓挫。同樣，相同的內容由不同的人簡報，會產生不同的簡報效果。因為，對於一個簡報者來說，除了必要的簡報技巧外，如何把握輕重緩急、安排簡報節奏，也是非常重要的一個方面。

要想分清簡報內容的輕重緩急，進行一場比較優秀的簡報，可以遵循下面幾個步驟。

有人說過：「智慧就是懂得該忽視什麼東西。」對於一場簡報來說，短則十幾分鐘、幾十分鐘，長則幾個小時，要想達到預期的簡報效果，就要專注於重要的內容。簡報者可以根據簡報的需要忽略一些比較容易理解的或與簡報目標關係不大的內容。

3.時間控制

對於一場簡報來說，除了整體的安排、重點的選擇外，時間控制也是很重要的一條。準備再充分的簡報，如果超出預期時間而導致不能完整簡報，那麼之前的努力都將化為泡影。有這樣一個古老的故事。

一位聰明的老國王召集聰明的大臣，交代了一項任務：「我要你們編寫一本『各時代的智慧錄』，好傳給子孫。」

這些聰明的人離開國王後。工作了很長一段時間，最後完成了一本 12 卷的巨作。老國王看了後說：「各位先生，我確信這是各時代智慧的結晶。然而它太厚了，我怕人們不會去讀它。把它濃縮一下吧！」

這些聰明的人經過長期的努力工作，幾經刪減後，完成了

一卷書,然而老國王還是認為太長了,又命令他們繼續濃縮。

這些聰明的人把一本書濃縮為一章,然後濃縮為一頁,濃縮為一段,最後則濃縮為一句話。老國王看了這句話後感到很滿意,說:「各位先生,這真是各時代智慧的結晶,並且各地的人一旦知道這個真理,我們擔心的大部份問題就可以解決了。」

最後總結的這句話就是「天下沒有免費的午餐」。

我們這裏要討論的並不是「付出與收穫」的問題,而是這句「天下沒有免費的午餐」是如何得出的。我們不禁要讚歎一下,從最初的 12 卷書濃縮成一句話,是需要何等的控制能力啊!

其實,作為一名簡報者也同樣需要這種控制能力。一個時長為四個小時的簡報,有時就只能用一個小時簡報出來、用半個小時簡報出來、用十分鐘簡報出來、用一分鐘簡報出來,到最後就只用一句話簡報出來。這其實就是簡報的「時間控制」。

簡報的時間控制實質上與簡報路線的設計與選擇是一致的,如圖 6-3-1 所示。

圖 6-3-1　時間控制路線選擇圖

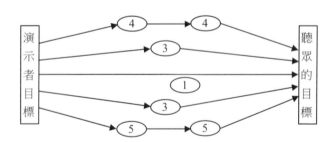

以圖 6-3-1 為例說明簡報者的時間控制問題。圖中從「簡報者目標」到「聽眾的目標」共有五條路線可供選擇:路線 1 最為直接,

直入主題，所花費的時間最少，但由於缺少必要的轉換，可能聽眾接受起來難度也是最大的；路線 2、路線 3 與路線 4 都是適當加入了其他因素，這樣，聽眾接受起來相對容易，但簡報時間變得越來越長；路線 5 最為繞遠，如果簡報起來可能花費時間最多，但也最容易被聽眾接受。

對於簡報者來說，做好時間控制的首要條件是清楚地認識到「簡報的目標」與「聽眾的目標」。只有這樣，才能根據簡報的時間與現場的需要，選擇合適的路徑完成自己的簡報工作。

 心得欄 _

_ _

_ _

_ _

_ _

簡報的導入設計

「好的開始是成功的一半」，對於簡報來說更是如此。尤其是一些聽眾不太熟悉的簡報者，在簡報開始的最初幾分鐘內，聽眾會對簡報者產生一個總體印象，而這個印象很可能一直伴隨著他聽完整個簡報（除非簡報期間發生一些特別的情況，否則扭轉這種印象十分困難）。

對於一場簡報來說，選擇何種方式進行導入，並沒有一定的規定，如故事、遊戲、問題、討論等都可以作為簡報的導入方式。簡報者選擇何種方式，主要是根據個人的風格以及簡報的內容而定，但一般情況下，簡報的導入設計應遵循以下三項原則。

(1)快速聚焦原則

簡報的開始階段往往都是聽眾注意力比較分散的時段，這時就需要簡報者用比較強有力的方式，使所有聽眾的注意力聚集到簡報者自己身上。

(2)緊扣目標原則

簡報者應該清楚自己所採用的所有導入方式都是為簡報目標服務的，因而，在導入階段所採用的方式也應該能夠貼近簡報目標，畢竟簡報的時間都是很寶貴的，不能浪費在與目標無關的事情上。

⑶時間控制原則

導入方式的選擇還要考慮時間這一因素。有的簡報整場時間都不是很長，就不應該用一些耗時較長的導入方式，而應該選擇一些簡潔的、能夠快速使聽眾進入狀態的方式。

1. 用總結導入

用總結導入就是簡報者透過總結一些與簡報目標相關的數據、資料等信息，以提醒聽眾這場簡報重要性的導入方式。

下面，以一場關於家庭理財必要性的簡報為例進行說明。

「眾所週知，賺錢的方式有很多種，而我們目前卻還停留在靠薪資收入賺錢的階段，這已經遠遠不能滿足現階段百姓對財富的需求了……」

如果用這種普通的開場白，很難引起聽眾的興趣，因為靠薪資收入賺錢這種方式已經深植中國百姓的心中。

這時，不妨改變一下自己的導入方式，透過總結中國與美國家庭收入來源並進行對比，以說明家庭理財的必要性，這樣可能就會引起聽眾的興趣了。

「我們對本地和美國百姓家庭收入的構成情況做了一下總結，請看下面圖形數據……」

總結出來的數據往往比簡報者自己說的很多話都管用。巨大的差異，很容易讓人感受到理財缺失所帶來的影響，自然為簡報者切入主題提供了便利。

用總結導入簡報，有兩個問題需要注意。

・總結的結論要有一定的震撼性，不能趨於平淡，否則就失去了總結應起到的作用了。

‧結論最好能夠透過數據或圖表反映出來。

2.用故事導入

故事以其豐富的內涵、輕鬆的表現形式深受簡報者的喜歡。用故事導入簡報,往往能夠讓簡報現場氣氛變得比較活躍,有利於簡報者切入正題。

以主題為「團隊合作」的簡報為例進行說明。為了能夠更好地說明團隊成員之間緊密合作的重要性,簡報者選了一則「小猴砌牆」的寓言作為整個簡報的開頭。

森林王國舉辦職業技能大賽。三隻小猴比賽壘牆。比賽規則是:先把土坯壘成牆,然後在牆的外面抹上一層白色的泥,看誰壘得又快又好。

比賽開始了。

第一隻小猴想,反正外面要抹一層白泥的,裏面用不用泥沒關係。於是他沒有用泥作黏合物就直接把土坯壘在了一起,然後在外面抹了白色的泥。在壘土坯的時候,中間還坍塌了兩次,不過最後終於完成了。

第二隻小猴想。反正外面要抹一層白泥的,裏面好看不好看沒關係。於是他用泥將土坯一塊塊黏合在一起壘成了牆,根本沒有考慮土坯與土坯之間的咬合,然後也在外面抹上了一層白色的泥。在壘土坯的時候,中間坍塌了一次。

第三隻小猴沒有多想,比賽一開始它就有條不紊地開始了自己的工作。它首先把要壘牆的地方鏟平了,然後開始把土坯一層一層地壘上去。在壘牆的過程中,它不僅把用來黏合土坯的泥抹得非常均勻,而且還十分注意土坯與土坯之間的咬合與

連接。牆壘完以後，它也認真地在牆的外面抹上了一層白色的泥。

　　大約兩小時後，三堵外表幾乎一模一樣的牆立在了大家的面前。三隻小猴分別站在自己的作品前，等待評委們的評判。評委會由狐狸、小兔和從森林外面請來的老牛組成。評判從第一隻小猴的牆開始，大家先圍著牆轉了一圈。突然，評委老牛打了個噴嚏，第一隻小猴的牆應聲倒塌了，嚇得狐狸趕緊往旁邊躲，不小心撞上了第二隻小猴的牆，第二隻小猴的牆也倒了，差點把小兔的腳給砸了。只剩下第三隻小猴壘的牆了，老牛走到牆跟前用他那強壯的身體使勁撞去，牆依然屹立在那裏。結果自然是第三隻小猴得了冠軍。

　　在故事講完後，簡報者又向所有聽眾提出了一個問題：「為什麼三堵外表幾乎一模一樣的牆，有的使勁撞都撞不倒，有的一個噴嚏就給吹倒了？」這樣，透過一個故事和一個由故事引發的問題，很自然地就將聽眾引到了團隊內部建設的問題上。

　　當然，上面的案例同樣有兩個問題需要注意。

- ・故事的展現形式。如果條件允許，儘量配合圖片來講故事，這樣比單純地講故事效果要好。

- ・故事的長度控制。簡報者在簡報前選取的導入故事不宜過長，越短、越經典就越好。

3.用遊戲導入

　　用遊戲導入，顧名思義，就是簡報者透過組織一部份聽眾共同參與一個遊戲，並透過簡報者對遊戲的點評，引出簡報主題的一種導入方式。

以「溝通中的信息傳遞」簡報為例進行說明。如果單以「溝通中的信息傳遞」為話題進行展開,就會導致簡報的氣氛過於沉悶,而且不利於聽眾參與其中。下面給出的就是以遊戲形式導入的案例。

遊戲名稱:傳話

遊戲步驟:

⑴從聽眾中任選出 10 個人平均分成兩組,每組 5 人。

⑵每組中的五人分別扮演總經理、副總經理、部長、主管和員工五種角色,將他們按照總經理→副總經理→部長→主管→員工的順序用四塊隔板隔開。

⑶讓總經理向副總經理傳達 N(N≥2)項較為複雜的工作任務,副總經理向部長傳達此任務,依此類推,部長向主管,主管向員工傳達此工作任務(在遊戲中,另一組的人員需保持安靜,不得說話或發出笑聲等)。

⑷最後由員工向總經理敘述他所聽到的各項任務。

⑸兩組順序完成遊戲後,簡報者組織學員進行討論。

最後,根據遊戲的結果,由簡報者提出問題與聽眾一起討論,並由信息傳遞過程中的信息損失聯繫到簡報的主題「溝通中的信息傳遞」。

透過遊戲導入簡報主題,需要簡報者具有很好的掌控局勢的能力,因為,遊戲一旦做起來時間就不太好調控了,所以,時間較短的簡報不建議採用遊戲導入的方式。

4. 用問題導入

用問題導入簡報,可以提升聽眾的參與度,正因為如此,這種

方式才廣受簡報者的歡迎，成為使用最為頻繁的一種導入方式。

　　一個得體的問題，不但可以吸引聽眾，而且還可以緩解簡報者自身的壓力，為正常簡報的完成奠定基礎。但同時它也有一個隱患，如果簡報者的問題無人作答，則會出現冷場的尷尬氣氛，這時就需要簡報者具備一定的隨機應變能力，要隨時準備給自己圓場。

　　以某汽車公司關於徵求消費者對改進車型意見的簡報開場白為例進行說明。

　　「請問，在您自家客廳裏，都會有什麼裝飾和佈置，或者您希望有那些物件？」

　　這個問題很簡單，幾乎每個人都可以輕鬆作答。然而，在聽眾回答這個再簡單不過的問題時，簡報者卻也得到了想要的信息。因為在簡報者看來，「理想中客廳的環境，就是這款汽車理想中的設計主導思想」。

　　這樣，簡報者透過一個簡單的問題，不僅達到了活躍現場的目的，更是達到了市場調研的目的，可謂是「一箭雙雕」。

　　用問題導入簡報時，一般需要注意以下幾個問題。

- · 問題要簡單。簡報者所提的問題，應該是聽眾不用費任何腦筋就能回答上來的，否則，容易造成冷場，對簡報者的信心會有一定的打擊。
- · 與簡報目標一致。儘管所提問題需要簡單，但簡報者應該清楚，簡報過程中的所有活動都是為簡報目標服務的，不能為了簡單而簡單。

5.用新聞導入

用新聞導入，是簡報者透過對最近發生的新聞事件或週邊的人

和事的評析,進而引出簡報話題的導入方式。

簡報者透過新聞導入簡報往往能夠給聽眾以新鮮、務實的感覺,容易拉近與聽眾的距離,如果簡報者的分析評論比較精彩,則更能獲得聽眾的加分。

例如,某位就業指導老師給即將畢業的大學生做的一場關於求職技能的簡報如下。

「昨天晚上看新聞的時候,聽到最新統計數據,『2009 年全國應屆畢業生人數達 611 萬,而由於金融危機,企業招聘總人數將會比 2008 年略有下降』。由此可見,要想在高手如林的就業市場找到自己的一席之地,還真不是一件很容易的事啊。所以,我這次的簡報,不管你願不願聽,都是非聽不可的了!」

這位老師透過前一天新聞中的統計數據,很自然地將聽眾關心的就業問題引入到自身要講的「求職技能」上來,同時,也留給聽眾一種印象:外界條件異常艱難,要想在競爭中勝出,必須掌握好求職技能。

一則新聞,就這樣被簡報者巧妙地引入到了簡報當中,而且還起到了凝聚聽眾注意力的效果。簡報者在使用新聞導入簡報時,也應注意以下兩個問題。

· 新聞的新度要夠。簡報者所選的新聞,最好是前一兩天或者當天發生的,如果時間較長,則失去了新聞稿應有的作用。
· 新聞的力度要夠。這種導入方式很主要的一個作用就是凝聚人氣,如果新聞稿的力度不夠或者讓聽眾覺得與自己沒有關係,就會使簡報者的導入以失敗告終。

6.介紹式導入

介紹式導入，是指簡報者將介紹自己或者自己的組織作為簡報導入的一種方式。

介紹式導入主要應用於一些研討會或者論壇上。如果在簡報者做簡報之前已經有專人對簡報者進行了介紹，則簡報者只需做出必要的補充即可；如果簡報者在領域內已經比較有知名度的話，則可直接省略介紹的內容。

當然，即使是自我介紹，簡報者最好也不要用流水賬的方式自報家門。下面以國學大師講課時的自我介紹為例進行說明。

著名作家、翻譯家胡愈之先生到大學客串講課，開場自我介紹就曾這樣說：「我姓胡，雖然寫過一些書，但都是胡寫；出版過不少書，那是胡出；至於翻譯的外國書，更是胡翻。」

在看似輕鬆的玩笑中，介紹了自己的成就和職業，十分巧妙而貼切，而且還容易拉近與聽眾的距離。

介紹式導入雖然比較簡單，但使用時要慎重，要注意以下兩點。

· 聽眾不喜歡過長的介紹。很多簡報者為了能更好地展示自己或者自己的組織，往往在開始簡報時，用了很大篇幅來做自我介紹。殊不知，如果聽眾不喜歡你講的內容，就是你講得再多，聽眾也不會聽進去，所以，介紹還是越短越好。

· 聽眾不喜歡乾枯的介紹。一份怎樣的介紹才能引起聽眾的興趣？肯定不會是乾巴巴的介紹，雖不能像胡愈之先生那樣生動，但也應稍具幽默色彩。

綜上所述，要想把介紹式導入用好，難度還是很大的，所以，如果不是非用不可的話，還是儘量少用為妙。

7.用討論導入

用討論導入，是指簡報者在正式簡報前，將聽眾分成若干小組，要求每個小組對給定的話題進行充分討論並取得一定的共識，最後，由簡報者對所有結論進行統一匯總並將其引入簡報正題的一種導入方式。

將討論作為簡報的導入方式，一則有利於聽眾在簡報開始之前對簡報主題有充分的瞭解和認識，二則可以最大限度地讓聽眾參與到簡報當中，有利於激發簡報現場氣氛。

下面以「如何提升客戶滿意度」的簡報為例說明討論式導入方式。

簡報者在簡報前宣佈：「現在每組為自己所在的企業設計一套更好地為客戶服務的方法，可以以自己企業為設計藍本，也可以虛擬一個企業，但每組最後要形成統一的意見。」最後，簡報者對所有方案進行匯總，並提出了一個問題：「設計的依據是什麼？」

簡報者透過這種方法，將聽眾的注意力引入到簡報的主題「提升客戶滿意度」上來，這樣，不僅使聽眾意識到了提高客戶滿意度的意義，還增加了聽眾對這場簡報的期待。

簡報者在使用討論式導入時應注意以下兩個問題。

· 話題的選擇。討論話題的選擇是討論式導入的關鍵，對話題的要求主要有兩點：一是話題要有一定的可討論性，不要選擇一些存在明顯是非標準的話題；二是話題要與簡報的主題密切相關。

· 時間的控制。簡報者要能夠適時地引導話題的討論，不能將簡報前的討論帶入無休止的爭論之中，同時，也要控制好討

論的時間，不能讓其佔用後面簡報的時間。

8. 用多媒體導入

用多媒體導入，是指透過放映一段電影、動畫或者錄影等形式引出主題的一種簡報導入方式。

多媒體除了可以放映影像、動畫之外，還能夠相容其他的導入方式，如可以用多媒體放映一段新聞、播放一段故事等，因而，在實際的簡報中也廣受簡報者和聽眾的歡迎。

例如，在做關於「企業戰略」方面的簡報前，將電視劇《三國演義》中的一段「隆中對」用作導入材料，肯定會收到滿意的效果。

使用多媒體作為導入方式時，應該注意以下兩個問題。

· 多媒體設備的準備。採用多媒體設備時，一般在簡報之前都要進行相應的設備準備、素材準備、設備調試工作，確保在簡報時所有設備能夠正常啟用。因此，簡報者應該根據自身使用多媒體設備的特點，建立相應的調試程序，以防止臨時出現變故。

· 多媒體方式的控制。多媒體式導入儘管有很多優點，但也容易搶簡報者的「風頭」，很多時候，聽眾的視覺焦點都會集中在多媒體上，而忽視了簡報者的存在，這時，就需要簡報者能夠即時採取措施，將聽眾的注意力轉移到自己身上。

5 簡報的過渡設計

過渡是連接簡報各部份內容的橋樑，一個恰當的過渡，可以給聽眾一種舒適自然的感覺，更可以使聽眾容易理解整場簡報的構思。簡報者常用的過渡方式包括以下幾種。

1. 承上啟下式過渡

承上啟下式過渡由兩部份內容構成：一部份是對上文的一個總結；另一部份則是引出下文的引子或是對下文的概述。

在我們的青年營活動中始終貫穿著一系列關於環保的教育活動。活動中，所有的營員以小組為單位，就不同層面的環境問題展開討論，尋求解決辦法，並最終達成共識。活動中，還不時安排有當地環境組織官員的演講和孩子們的圖畫作品展。活動結束時，我們每人還提出了一份關於實施可持續發展的建議和措施，並在營員中展開了交流。

這一系列活動不僅讓我受益匪淺，而且還讓我想到了 2008。

「綠色」是 2008 年奧運會的三大理念之一。其主要內涵是在可持續發展思想的指導下籌備和舉辦奧運會，提高環境品質……

上面是 2008 年一則關於舉辦環保奧運的演講稿的片段。文中「這一系列活動不僅讓我受益匪淺」一句話是對上面內容的一個總結，而「而且還讓我想到了 2008」則引出了下面的內容，是一個

典型的承上啟下句式。

2.用寓言故事過渡

簡報者如果覺得用承上啟下的句式來做過渡太過平常，還可以透過一些寓言故事來完成簡報內容的過渡。一位培訓師關於「領導力」培訓的文稿，可作參考。

在一場比賽中，一群獅子輕鬆地打敗了一群羊，羊群都很不服氣，認為是領導的問題，於是它們各自交換了領導，於是就有了下面的故事。

羊帶著獅群準備與獅子帶的羊群進行戰鬥。

當羊走到獅群的面前時，獅子們都笑了，它們認為這是外行領導內行，不懂技術的羊怎麼能帶好這隻隊伍呢？所有的獅子都不服氣，自然羊也沒有辦法發號施令。而獅子帶的羊群這一邊，情況就完全不同。羊們都很尊敬獅子，也都聽從獅子的安排，訓練進行得很好。

新的比賽開始了，軍心渙散和沒有經過良好訓練的獅群被獅子帶領的訓練有素的羊群打敗了。

當他講完領導力的重要性，要過渡到如何提升領導力時，又用了下面這則故事來承接開頭所講的故事。

失敗後的獅群一致將戰敗的責任歸罪於作為領導的羊，羊也認為自己天生缺乏領導能力，內心充滿了沮喪，孤獨地走在樹林裏，不知不覺來到了虎王領導力培訓學院的門前。

虎博士親切地對羊說：「既然來了，為什麼不進來聽一聽呢？」

「培訓就能把羊變成獅子嗎？」羊不屑地說道。

虎博士笑著說:「雖然培訓不能把羊變成獅子,卻可以提高你的領導能力。如果不提高你的領導能力,就是把你變成一隻老虎也不能打敗敵人啊。」

「原來領導能力是可以透過培訓提升的。」羊一邊這樣想著一邊走進了虎王領導力培訓學院。羊學習非常刻苦,很快就學成畢業了。於是羊帶著獅群再一次準備與獅子帶領的羊群進行戰鬥。

後面這則故事不僅與前面的內容有了很好的照應,而且也為提出領導力提升辦法做好了鋪墊。

當然,簡報者透過承接開頭的故事來做過渡,並不是一件很容易的事,很多時候,用一個與開頭無關的故事來做過渡也是可以的,但要保證這個故事與上下文都相關。

3. 用提問方式過渡

用提問方式完成過渡時,簡報者首先需要對上文內容進行簡單的回顧或總結,並向聽眾提出需要思考的問題,然後透過回答這一問題,將簡報內容自動過渡到下一部份。

下面是美國前總統克林頓在杭州討論關於 Internet 經濟問題時的演說詞片段,僅供參考。

「在我當總統的時候我在想,即使我不瞭解這些情況,美國依舊會有很多的 Internet 公司幫助我們做這些事情。當然,現在我們看到了 B2C、B2B 和 C2C 在全世界的蓬勃發展。今天在我們進入下一主題之前,我就想讓你們思考幾個問題,那就是:Internet 將來的路在何方,我們何去何從?」

在這段演說詞中,克林頓就是透過「Internet 將來的路在何

方，我們何去何從」這一問題，很自然地完成了過渡。

6 簡報的結尾設計

　　古人寫文章時，總是講究「龍頭鳳尾」，其實做簡報也一樣，一個好的開場白可以為整個簡報奠定良好的開局，而一個好的結尾則可以為簡報畫上一個圓滿的句號。簡報結尾的設計主要從以下四個維度考慮。

1. 與導入相呼應

　　與導入相呼應，就是在簡報收尾時，採用與導入相一致的語氣，給聽眾一種整體如一的感覺。例如簡報者在開場時說了句「人生之路走起來很難」，那麼，在結尾時最好能夠說一句「再難的路也要走」。

　　我們還以前文中用過的「小猴砌牆」寓言為例進行說明。假如簡報者在導入階段使用了這則寓言，那麼在結尾時最後能夠補充以下一段話。

　　「大家在合作過程中，一定要注意團隊內部成員之間的溝通與配合，不能外面一套裏面一套，這樣的團隊就會像『小猴砌牆』故事中的第一隻和第二隻小猴砌的牆一樣，是經不起任何風浪的。」

　　與導入相呼應，並不是對導入內容進行簡單重覆，而是要有一定的概括或發展。就像上面的例子，簡報者也可以這樣總結。

「假如故事中的兩隻在競賽中失利的小猴，也聽了我們今天的簡報，估計它們就不會用原來的方法砌牆了吧！」

這段話的言外之意就是：已經聽了這場簡報的聽眾，就不應該再犯同樣的錯誤了。這樣，簡報者就在呼應開頭的同時，又對聽眾提出了「期望」。

2.總結主要觀點

對於一名聽眾來說，在簡報中有兩段時間的精力最為集中：一是簡報開始的一段時間；一是簡報快要結束的一段時間。所以，很多簡報者都選擇在最後這段時間將簡報的主要內容進行歸類和總結。

簡報者對主要觀點的總結，一般包括以下幾種。

⑴簡報過程中提到的主要觀點。

⑵簡報中有爭議看法的總結。

⑶簡報中提到的觀點或結論的分類。

⑷簡報過程中得出的主要結論。

例如，簡報者可以以這樣的形式結尾。

「在這次簡報中，我主要談到了企業內部常用的五種溝通方式，下面讓我們一起回顧一下：一是口頭溝通；二是電話溝通；三是網路溝通；四是會議溝通；五是書面溝通。」

簡報者沒有必要將簡報中的所有觀點全部總結一遍，只需將最主要的加以總結就可以了。

3.提出行動目標

沒有人喜歡聽空話，聽眾更是如此。對於簡報者來說，要想讓自己的聽眾接受自己的建議並採取實際的行動，最好的方式就是

「給出具體的行動計劃」。

　　一份具體的行動計劃應該能夠包含簡報所要傳遞的核心思想，並能為聽眾理解、簡報的內容提供幫助。

表 6-6-1　××行動計劃表

實施步驟	過程描述	預期目標	負責人	所需時間	所需經費	備註

　　簡報者可以根據簡報的需要適當調整表格的內容，但總體上，提出行動目標的思想是不應該有所改變的。

4.期待式的結尾

　　「欲知後事如何，請聽下文分解」，這是以前評書或小說的末尾經常出現的語句。其實，簡報有時也需要這樣一句話，以帶給聽眾期待的感覺。

　　很多時候，簡報並不會隨著簡報者隨後一句話的完成而結束，而很可能是一種期待的開始。一般情況下，期待式結尾有以下幾種形式。

(1)對於未來簡報的期待

　　如果這場簡報是系列簡報的一部份，或者簡報者還會有其他類似的簡報時，可以採用這種結尾方式。示例如下。

　　「對於簡報的最後一部份內容的詳細說明，將在明天的簡報中

介紹。」

(2)對於未來工作的期待

如果簡報的內容屬於對工作有指導作用的，簡報者可以透過這樣的結尾來表示對聽眾未來的工作情況的期待。具體示例如下。

「關於客戶服務工作的細節，在我的簡報中已經詳細介紹過了，以後就要看諸位在工作中的具體表現了……」

心得欄

第 七 章

簡報前要演練，再演練

1 演練兩次

　　只有當你親自演練一次後，你才能真正明白該如何去完成這個簡報，惟一的方法就是在用同樣的設備演練一遍，否則，你就很可能在實戰中遭遇意外。

　　很多人並不預先演練他們的簡報報告，他們的理由，有以下幾個：

　　· 我沒時間；

　　· 我已經做了好幾年的報告了，沒有必要演練；

　　· 這不是什麼了不得的演講，不必這麼麻煩；

　　· 整理信息、處理大家的建議已經夠我忙了，我可沒空演練。

　　在現實中，對信息的簡報與信息本身一樣重要，這一點已經得

到了越來越多人的認可，所以不要指望完美的信息與幻燈片就可以彌補你演講能力的欠缺。

至少進行兩次演練：在正式演講開始的前幾天，進行一次穿戴整齊的演練，然後在演講開始前再進行一次小型的演練。對於第一次演練，最理想的方式還是把自己放在與實際演講時一樣的環境當中：設備、房間大小和你的服裝。這樣你就可以把每一個細節都預先演練到了。

第二次小型的演練，應當在你到達會場後進行：先快速檢查一遍設備是否運轉正常，看看自己的幻燈片效果如何，音響是否到位；確保電源線已經插到了有效的插座中。也許你昨天才檢查了幻燈片上的鏈結功能，發現都能有效完成鏈結任務，可奇怪的是，在你演講的那一天，所有的鏈結都不對了。在演講之前就發現這個問題總要比在演講進行中發現這個問題要好。

現在的問題是，在演練的時候到底應該注意把那些「演」好呢？至少找二位同事當觀眾，最好能找到兩位，其中一位對你的演講主題已經有了認識，這樣他就可以指出你演講上的缺憾。而另一位則要對你的演講內容一無所知，這樣他就可以指出你演講中論述不清的地方。你還可以把你的演練過程用攝像機錄下來，大多數的人對自己錄影帶裏的形象都會感到驚喜。他們會這樣評價自己：「我看上去比我想像的要好啊。」如果不能錄影，錄音也可以。

做演講準備時，聽一聽自己演講的效果是很有益的，你可以給你的整個簡報報告錄一個旁白，然後坐下來認真地聽一遍，當你站在聽眾的角度重新去看你的演講時，你的感受會完全不同。聽的時候，你就會輕易發現報告中發揮欠佳、論述不清或是枯燥無味的地

方。

　　錄製旁白的步驟如下。

　　⑴把麥克風連接到電腦上；

　　⑵找到要簡報的幻燈片，然後點擊「OK」；

　　⑶開始演講，給每張幻燈片都錄製一個旁白；

　　⑷如果時間沒有設定好，就暫停；

　　⑸在實際演講的時候，不要播放旁白，你可以直接根據所放的幻燈片講演。

　　如果不想錄音，出聲的演練一遍也可以，但要注意計時。這樣你就可以把每張幻燈片以及整個演講所需要的時間計算出來。在PowerPoint 電腦軟體中，你可以使用該軟體提供的自動計時功能，在你進行演練的時候，將每張幻燈片所用的時間記錄下來。實際簡報時，手動換片還是必要的。

　　在演講中使用筆記，這也是件很有技巧的事。邊放幻燈片邊看自己放在電腦上的筆記，這在技術上已經可以實現。但如果你希望使用書面筆記，那你可能會遇到下面這些情況。

　　想像一下，你已經準備好了所有的幻燈片，但仍然希望有一些額外的筆記來提醒自己，於是你把這些信息草草寫在紙上，準備需要時拿出來做參照。然而等真正需要時，你卻怎麼也辨認不出來筆記上的字跡。的確，字又小又模糊，而你又無法停下來找眼鏡，所以你只好放棄參照筆記繼續解說，但你已經免不了一番慌亂。觀眾也許會察覺到這一點，也許不會，不管怎樣，在餘下的演講中你都不會感到輕鬆。

　　準則 1：確保筆記的「可讀性」，所謂「可讀」，就意味著當你

把紙條放在桌子上時可以辨認清楚上面的文字，你一瞥就能看清楚每個字。把筆記列印出來，而不是使用手寫的筆記，字的大小要達到 24 號。

保證筆記具有「可讀性」後，還要確認這些文字能夠簡明扼要地說明問題。在筆記上不要使用完整的句子，只要寫下那些足以提醒你的關鍵字和片語即可。

準則 2：不要把所有要說的話都寫在筆記上，在現場演講時你根本用不上這樣的筆記，所以筆記要盡可能的簡要。你應該把主要的時間與精力花在與觀眾溝通上。另外，一句話結束的時候一定要看著觀眾，而不是筆記。你的筆記應該是這樣的：

· 幻燈片的開場白；

· 回答觀眾問題時需要的相關信息；

· 在切換片子時的過渡語；

如果你是為別人準備筆記，那還應該考慮到：

· 報告人應做的，報告人在講到這一點的時候應該做什麼，例如是不是應該提問、展示產品等；

· 觀眾的反應，如何讓觀眾參與進來，例如讓他們兩人一組討論剛剛提到的問題；

· 個性化，針對特定觀眾，報告人應如何使自己的演講「客戶化」。

你已經參加了好幾種輔導班，但仍然感覺不自信，那就去報個戲劇或表演班吧，專門學習一下即興表演的技能。這對你的演講會起到什麼作用呢？因為你的下一句話是根據別人剛說完的話即興發揮出來的，這樣的訓練可以讓你學會更好的去傾聽別人，學會享

受因為不知道下一秒會發生什麼而帶來的意外驚喜。也許你的每一步都是經過精心策劃的，但事態並不會總是按照你的計劃發展，這時你就會學會隨機應變。這些是不是應該是一個優秀的報告人所應具備的素質呢？去參加一個這樣的學習班吧，它會讓你成為一個更放鬆、精力更加充沛的報告人，況且，這種學習本身就充滿樂趣。

2 現場的實地演習

確定報告的時間，並用筆記下來。

你已到達飯店或是邀請你做報告的公司，你已準備並裝好各種儀器設施，但你確實已經做好上場的準備了嗎？讀一讀下面的關於報告地點的評估標準，看看是不是還有什麼問題本應該在你來之前就應與相關人員事先協商好的。

這一切都是演練應涉及到的，你越有準備，組織得越好，做報告時你就越有把握，你的自信就會感染觀眾。如果你需要一個演講台，那麼要把這個台子安在螢幕左邊與觀眾成 45 度角的地方。

你已經設計出了一個很棒的電子簡報報告，現在你要做的就是按照實戰演練流程圖來進行排練。

以下準則會讓你看上去，聽上去都是位具有專業水準的報告人。

⑴一句話說完後要稍稍停頓。在表述完一個觀點後，要停頓片

刻，不要一直說個沒完。透過這樣的練習，你在講話時就不會總是「嗯，啊，噢」的了。

(2)每一句話說完時眼睛都要看著某個觀眾，而不是盯著螢幕或電腦甚至是天花板。當你看著這位觀眾的時候，也要注意不要一掃而過，目光要有所停留。觀眾會因此感到你在與他們交流，因為你的眼睛傳達了你的思想與情感(當你把自己的表現錄下來時，你也許會驚異地發現：如果你對觀眾視而不見的話，你看起來就好像對聽眾毫無興趣，急於要結束報告然後坐下來休息)。

(3)用一隻手操作滑鼠，另一隻手用來打手勢。兩隻手同時用來打手勢也可以，但不要僅用握著滑鼠的那只手，而讓另一隻手閑著。

(4)隨意走動走動，不要在原地跺腳。如果想活動一下，就走幾步。報告人連著一個小時在原地晃動，這幅樣子實在可怕。在房間中找幾個點，然後走過去，但要保證觀眾始終能看到你。

(5)不要只重覆螢幕上顯示的文字，要給出你個人的解釋說明，給觀眾講一個故事，從情感上把你和他們聯繫起來。

在演練中也請你遵循以上的準則，如果你不得不獨自排練，那麼就假裝你正面對著一群觀眾，每一位觀眾對你的報告都饒有興趣。

3 技術方面的演練

　　在技術方面的演練相對來說要困難一些。因為有時候很難為了演練而把所有的設備都準備好，不過你一定要有耐心，請人將設備都安裝好。你將會因為有機會親自操作一下這些設備而感到高興。如果在報告中有人協助你解決技術操作問題，那麼你需要請這個人和你一起演練。

　　下麵是眾多資深報告人的經驗之談，對你會有所幫助：

　　⑴讓滑鼠箭頭靜止在螢幕上，最好是把它藏到觀眾的視野之外。迪克有時候會用這個箭頭在螢幕上畫畫，而他確實十分擅長畫畫，觀眾也喜歡看他畫。但是畫完後，他會下意識地繼續晃動滑鼠。對他來說，就應該在不用滑鼠的時候把它隱匿起來。

　　⑵確保圖片的清晰度，確保你所使用的電腦能夠存儲這些圖片。在電腦上看圖片感覺效果不錯，可怎麼一到了大螢幕上就面目全非了呢？每一張圖片都像是洗過了一樣，她以前從未想到過螢幕的尺寸對圖片的顯示效果會有如此大的影響。

　　⑶電腦的速度。淡入淡出的效果在艾倫的筆記本電腦上顯示得很完美，但在他實際進行簡報的機器上卻因為速度太慢而使問題根本無法表現出來。艾倫甚感懊惱，由於切換速度太慢，在那麼長的等待時間中，他真不知該說些什麼。

⑷弄清楚「專家」的實力。不要被所謂的「專家」愚弄了，事先談好的專家可能在你使用會議中心的那一週正好度假去了。對專家事先要考察清楚，然後確定他是否能在你需要時到場。

⑸熟悉環境。如果你不熟悉會議場所，那麼你就很可能出錯。像投影儀這樣技術含量低的簡報方式倒不會出什麼大錯。某財務諮詢顧問說：「如果是在自己熟悉的地方，我就會使用高科技設施，否則我就盡可能使用簡單的儀器。」

⑹確定會議場所有你需要的設施。永遠不要相信會議中心代表說的他們有進行多媒體簡報的設備這樣的話。他們或許是有設備，但並不一定是最好的設備。事先確定他們設備的品牌、類型及性能。

⑺使用指示器。當你使用鐳射指示器時，你必須讓它停留在螢幕上的某一點足夠長的時間以引起觀眾的注意。使用無線滑鼠的規則也同樣適用於鐳射指示器。永遠不要在觀眾面前晃動指示器，沒有人喜歡你這樣做。用好鐳射指示器是需要練習的，不要在觀眾面前亂揮。專門找個人觀看你的演練，讓他告訴你你是否已經掌握了它的使用技巧。

⑻檢查電腦。在演講前最後檢查一遍你的電腦，然後就不要再碰它了，也不要讓任何人再碰它。不要在這個時候離開會議室，如果非要離開，就在上面貼上這樣的小紙條：「勿動，謝謝。」

⑼與設計專家合作。當你請人代你設計一份報告的時候，你需要引導他，要向他解釋聽報告的對象、公司的業務範圍，以及聽報告人的水準。不要假設這位專家已經考慮到了所有這些問題，我們已經聽說了太多的公司花費數千美元設計的簡報報告到最後只能棄之不用。

(10) 確保你會使用這個軟體。如果是請人設計的簡報報告，你便應該知道如何去解決相關的技術問題。萬一報告在進行中出現技術問題，而你對此又一竅不通，你將如何應付呢？最起碼你應該掌握基本的程序知識。

(11) 明確對設備的基本要求。不要讓自己落入臨到現場才發現設備不合要求的尷尬境地。事先就考察清楚現場的設備是否合意。當然，最好是攜帶自己的裝備，那你就不必再考慮這個問題。

(12) 兩人合作演講。對於要求頗高而又很重要的報告，最好是兩人合作完成。一旦發生技術故障，其中一人可以繼續演講，另一個人則可檢修設備。最佳的組合就是一個好的演說者和一個技術專家。如果兩人都是技術新手或都是技術專家，那可不是一對好搭檔。

(13) 多準備一個投影用的燈泡。一個人造偏光板的經銷商說：「只有你自己帶來的那個燈泡才值得信賴。」

(14) 惟一可以發現所有可能發生問題的方法就是將整個報告從頭至尾演練一遍。這就能發現我們以上提到的問題。給自己一個修正的機會——在一切都還來得及的時候。

4 充滿自信地上臺演講

　　你已經設計好了一份內容明瞭、操作簡便的報告，你想將它完美地展示出來，你已經演練過，也得到了大家的回饋信息，你在考慮該如何採納大家的建議，那麼，請最後參照一下下面的準則。

1. 在內心鼓勵自己

　　在報告開始前為何不這樣對自己說呢？

　　「我今天感覺棒極了；我昨天還演練來著，我信心十足；我氣色很好；我已做好一切準備；我一定能成功；我會享受將要到來的每一分鐘；希望觀眾知道我很樂意和他們交流……」

　　你內心這些積極或消極的「獨白」，會給報告定下一個基調，你的觀眾也會感受到積極或消極的會場氣氛。那麼，你希望他們感受到那種氣氛？

　　如何消除心裏的消極問題呢？首先，想一想自己對自己都在說些什麼，然後開始向自己灌輸積極的想法。除了你自己，沒有人能夠幫你。當你把「內心獨白」的基調改為積極向上時，你就會放鬆下來，倍感精神，思維也會愈加清晰敏捷，最為重要的是，你會把你的自信傳染給觀眾，使他們樂意聽你的報告。

　　在演講前的一個星期，每晚睡覺前都請告訴自己三個你期望報告帶來的積極反應。可以每晚都使用同樣的期望，也可以有所不同：

「我希望我的報告能拉來三個新客戶。」

「我希望我的產品被搶購一空。」

「我希望我的新方案能得到肯定。」

「我希望在做報告時我可以保持鎮定與自信。」

2. 控制自己的情緒

在簡報開始前，也許會很緊張，特別是在報告開始前的幾天時間裏。那麼應該如何控制自己的緊張情緒呢？有些人在車裏嘶喊或唱歌，還有一些人往床上摔枕頭，另外一些人透過體育鍛鍊來放鬆緊張的神經。你應該找到適合自己的放鬆方式。

你應當清楚有些消極情緒是避免不了的，例如一個朋友剛過世，例如你認識的人生了重病或是你自己病了。儘管這些悲傷的情緒會溢於言表，但人們通常都會盡力去做報告的準備工作，但結果卻往往是無法做好。如果你確實處於非常沮喪的狀態，就找別人幫你去做這次報告吧。

一個專業的報告人正在公司年會上做演講，他對主題瞭若指掌，並且已經多次做過類似這樣的報告。但他的父親幾月前去世了，他無法調整好自己的情緒，也無法組織好報告內容，更談不上報告內容的更新了。他沒有請人代勞，就在報告開始前半小時，某人不巧談起了自己母親剛過世的事，聽到這樣的話，他再也忍不住自己的悲傷，幾乎落淚，不知道自己將如何登台去做報告。不管怎樣，他還是按時出席了，但他知道自己只是按部就班，根本沒有像以往那樣和觀眾交流。看著幻燈片，他也意識到自己早該請人重新設計一下了。從那以後，他決定以後再做報告時一定會注意自己的情緒，實在不行，就讓別人幫忙。

3.保持安靜

對一個報告人來說，這豈不是個很奇怪的要求嗎？但要記得，無論是食物、活動，還是別的任何事物，太過了就會讓你自己和週圍的人都不舒服。報告也一樣，無論是對於觀眾還是報告人自己，保持適度的安靜都是必要的。

觀眾需要一定時間來消化報告內容，而你則需要一點時間來傾聽觀眾的聲音，感受他們對報告的反應。你還需要一點時間來問一問自己：「感覺如何？我的引導方向是不是正確？」你和觀眾都需要一段時間彼此感受，彼此傾聽。如果在段落和要點之間沒有彼此安靜的時間，觀眾就會因為信息量過大而不再聽下面的問題，同時報告人也會陷入速戰速決的不良模式。

如果你看過很多的簡報告，你就會發現沒有人在認真傾聽。觀眾在想自己沒明白的問題，甚至可能會打斷報告人，讓他詳細說明某一點，或是讓他轉到觀眾們更感興趣的話題上去。如果報告人認真聽取了大家的意見，他就能明白何時該轉變主題，對某一主題該說到什麼程度。

對於你下次的正式報告，不管是在一般的會議上，還是在電話會議上，先試著去「聽」，再決定要說什麼，然後看大家的反應，根據你對觀眾需要的判斷決定下一步的報告內容。當你瞭解了觀眾的興趣所在，你的演講也會輕鬆自然許多，在報告中展現出你的自信。

· 站在每個人都能看到你的地方；
· 時刻問大家：「我還要對此做更多說明嗎？」如果觀眾的回答是否定的，那就不要對這個問題糾纏不放而惹大家討厭；

- 這樣問：「需要我退後一點以便讓你們看得更清楚嗎？」而不要問：「每個人都能看見嗎？」因為他們會出於禮貌而說是；

- 不用指示器的時候就把它放在桌上；

- 如果你的手在發抖，那就找另外一個人來操作滑鼠；

- 除了螢幕上的信息外，你還需要提供更多的說明與解釋；

- 說話時要面對著觀眾，不要擺出一幅目中無人的樣子；

- 時刻注意觀眾有沒有什麼疑問，讓觀眾積極參與進來；

- 把整個報告都演練一遍，這樣你就能知道你究竟需要多少時間；

- 在報告前一天去做個按摩，這樣會讓你放鬆精神；

- 不要問：「你能聽見嗎？」觀眾會出於禮貌給出肯定的回答，你應該問：「需要我再大聲一點嗎？」最好的方法就是安排一名助手坐在觀眾席中提醒你，讓你隨時知道自己的音量是否夠大。

4.站在你能夠看到觀眾、螢幕和筆記的地方

選擇能始終面朝著觀眾的位置，而你如何去看螢幕則取決於會議室的佈局和螢幕的大小。在你播放幻燈片的時候你可以站在螢幕的旁邊，但如果螢幕非常大，那你站在螢幕的旁邊就可能看不到螢幕上的文字。在這種情況下，你就必須看著自己的電腦，所以要安排好電腦的位置，桌子的高度可能不夠，你就不得不在電腦下墊一個盒子。你只有在使用全部設備進行演練的時候才可能發現這些問題。

5.經常演練，精益求精

演練的作用是什麼？人們參加過專門討論如何演講的研討會，談到自己的問題，他們可能會說：「我講話中的『哦，啊』這樣的字眼太多了」，「我的語速太快」，「我感到每個人都在盯著我，好緊張啊」。對於這些問題，我們提出：「在日常的生活中你就應該有意識的改變這些不良習慣。」

任何的演講研討會都只是一個改變你的不良習慣的起跑點，你還需要在每天進行訓練。一天說話都不許帶「哦，啊」，說話不要太快，在會議上講話試著讓自己鎮定自若，不要期望著那些不好的習慣與情緒會在眾人面前自動消失。一切都不會那麼簡單，你需要練習，每天練習。

例如，一個精力充沛的人，容易緊張激動，在眾人面前講話就更緊張了。如果不知道如何控制，情況就會更糟。那麼每天怎樣練習才能改變這種情況呢？首先，堅持不吃糖；其次，用沉思冥想的方式來安撫自己緊張的神經；第三，參加體育鍛鍊。這樣一來，在眾人面前就會變得越來越鎮定。這樣的效果是參加一個兩天的研討會達不到的。這些研討會或是輔導班只能指出他們的問題所在，但要想改善，則需要每天的訓練。下面就是一些針對性的建議：

⑴問題：「我講話中的『哦、啊』這樣的字眼太多了」。解決辦法：在講話前強迫自己好好組織自己的聲音留言，自己聽自己的留言確保講話中沒有一個這樣的字眼。

⑵問題：「我感到每個人的眼睛都在盯著我，好緊張啊」。解決辦法：在人行橫道上，有輛小車在等著你穿過馬路，這時你要從容走過。盛裝走過一條繁華的大街，讓人們都注意到你。你會發現人

們盯著你看對你其實沒有什麼影響。

　　⑶問題：「我害怕犯傻，讓人笑話」。解決辦法：走進一家小店，故意問一些傻問題，你會發現無論你扮演的角色多麼愚蠢，這個世界還是一樣不停地轉動。

　　⑷問題：「我做事總是很急躁」。解決辦法：讓自己靜下心來，一個小時就專心做一件事，你可以在這一個小時內練習說話，慢慢地說，每說完一句話都停頓一會。

　　這些就是你每天或者每週可以進行的訓練。相信我們吧，一旦你開始這樣去訓練自己，那麼在你下一次報告中，你就會對自己的進步驚喜不已。

　　現在我們假設你已經完全按照我們的建議做好了準備，但是仍然會發生差錯。你也許會感到奇怪：「還會有什麼出錯呢？」飯店裏突然停電，公司正在消防演練，有人不小心把咖啡倒在了你的筆記本電腦上，不管發生什麼，請保持你的幽默感，讓觀眾與你一起會心的微笑。微笑的人不會持續處於消極狀態，微笑會讓每一個人都站到你這邊。你要提醒自己，不管你正在經歷什麼，你的故事在幾天內就會為人們所津津樂道。衷心希望你的簡報報告成為你的一次豐富而有趣的經歷！

5 簡報者的流程控制

簡報者在完成 PPT 製作後，應該在正式演示前做一次全方位的自我預演，以保證將來的簡報效果。

自我預演與真正簡報的區別只是簡報者的面前沒有觀眾。儘管如此，作為簡報者還是必須拿出百分百的精力做好自我預演。簡報者甚至應該穿好簡報的當天需要穿的正裝，因為，只有預演越真實、預演效果越好，自己在將來的簡報中才會越有自信。

自我預演並不是簡簡單單地將簡報的內容從頭到尾背一遍，而是要對整個過程進行全方位的簡報。

自我預演的過程控制，包括以下幾方面內容：

1.簡報內容控制

由於 PPT 中只提供了簡報內容的框架，因此，在預演過程中，簡報者還需要將簡報內容完善。這時候，簡報者可以根據 PPT 中內容的重要程度以及簡報的時間，適當加入解說內容，以確定最終的簡報內容。

2.情節控制

簡報者需要根據 PPT 設計的情節，在預演過程中進行適當的停頓與情節切換，以免給聽眾一種生硬的感覺。例如，簡報中也許會穿插一些遊戲、互動等環節，簡報者也應該像如臨實地一樣給出相

應的引導詞和總結語等等。同時，簡報者還要考慮聽眾可能提問的
地方，並預先做出相應的對答之策。

3. 結構調整

再好的劇本，在拍戲的過程中也會做出調整，同樣，即使設計
再完美的簡報方案，在預演過程中也會有不合時宜的地方，這就要
求簡報者根據簡報進程的需要做出適當的調整。簡報者進行預演的
一個主要目的就是找出簡報文稿在結構上不合理的地方，做出調
整、改進，以更好地適應簡報的要求。

4. 身體語言

既然預演要達到完全真實的效果，這也就需要簡報者在進行預
演時，採用與真實簡報同樣的身體語言。簡報者的每一個舉動，那
怕是一個眼神，都要想著台下的聽眾，儘管自我預演時台下沒有一
個聽眾。

5. 時間控制

也許簡報者在設計簡報情節時已經考慮時間因素了，但是，設
計的時間與實際的簡報時間畢竟還是會有一定差異的。

簡報者最好採用分段計時的方式，在每一部份簡報內容結束
時，將所花費的時間與預定的時間進行對比，然後再確定彌補差距
的辦法。當然，如果簡報所用的總時間並沒有與預定時間產生太大
的差距，也是可以接受的。

如果所花的時間過多，簡報者可以採取刪減簡報內容、減少互
動環節等方法彌補時間上的缺失；如果所花的時間過短，簡報者則
可以採取增加簡報內容或增加互動環節的方式，以使整個簡報看起
來更加充實。

6 一定先要預演

每當要面對聽眾發表演說時，有些簡報者腦袋就會「嗡」地一響，同時心裏會產生一些恐懼：

· 我不能暴露出我很緊張。

· 他們不喜歡我怎麼辦？

· 他們的提問將會使我下不了台。

· 他們會刁難我。

· 我會因緊張而流汗。

· 我必須讓他們知道我為簡報付出了多大努力。

· 我必須用簡報證明我作準備時花的時間的價值。

· 我必須證明用於簡報的錢沒有白花。

當這些聲音在你頭腦裏響起時，最好能利用一小段空白時間冷靜下來。

簡報也要做到人性化。當簡報者站在聽眾面前時，他們總是盡可能地表現完美。他們認為專業演講者就應該如此。這樣的演講者不應該講錯一個字，講出的語言必須是最流利的，而且在語法上絕對沒有錯誤·對所有問題都能對答如流，簡報就該是這樣的。

實際上，真實工作中並不存在這樣的演講者，而且在聽眾面前越是想顯得完美無缺，就越顯得不合情理。我們必須理解這樣的道

理：人們打籃球時，如果一切都做得很完美，那麼這種運動就會因沒有懸念而索然無味；正因為人是做不到完美的，才使這種運動像現在這樣充滿魅力。在能夠顯示真我的場所，為什麼做到自然、自在會這麼困難呢？這可能是因為我們害怕人們會不喜歡我們的表現，其實是我們自己不喜歡自己的方式。我們總是努力想變成不像自己的人──變成自己心目中的完美簡報者。

在長時間的磨練之後，我們會認識到，當我們面對聽眾時表現得不再像自己時，那將會是多麼的不自在啊。能夠成功表演的人只能是絲毫不掩飾的真正自我。

實際上，每個人都會犯錯誤。我們會在不恰當的時間說出一些錯誤的話，也會做出錯誤回答，錯誤地簡報直觀教具，會把最重要的直觀教具印刷錯；對於這些，其實聽眾並不會太在意。甚至即使他們注意到了，也會比我們更快地忘掉這些錯誤。所以我們只需按照程序把簡報進行下去，不要太介意這些錯誤的發生。

所有這些並不是說在簡報中，不需要為了把工作做得更好而努力，相反，這正是在簡報前努力做好排練的理由。在排練過程中，要認真練習在一次專業簡報中那些必須做的工作。

考慮到聽眾的水準，簡報目標的重要性，我們做準備時耗費的時間和金錢，如果因為不預演而把簡報搞砸，你就會知道簡報可不是那麼簡單的事了。

你說「我沒有時間去預演」，或者「我不想失去臨場發揮的主動性」。如果這些是你失敗的理由，那麼預演將尤為重要。不要過高估計自己即興發揮的能力。在許多會議場合，都曾出現過失敗的即興表演。因此在簡報前應該仔細思考，等到簡報開始時再考慮，

那就太晚了。

初次的預演可以單獨在房間內進行，就好像你站在將要進行簡報的房間裏一樣。排練的目的是熟悉素材，想想你在使用每個直觀教具時要說的內容，大致記下過渡詞，驗證簡報設計要用的時間是否準確。用錄音的方法來聽聽你自己的聲音是個好辦法，那樣你能聽出你的聲調究竟是否合適，你的素材是否恰當。

第二次排練最好有三、四個同事作為聽眾陪伴：包括一些熟悉和不熟悉情況的人。這次排練的目的是建立信心。

要求聽眾分工，分別注意簡報的不同方面，有人注意內容、分析和結構的連續性，另外的人則注意簡報是否清楚以及有沒有印刷錯誤，第三個人專門注意簡報技巧，第四個人則可從未來決策者的角度來審視簡報。同時，這也是發現可能出現的問題的時候，包括預測聽眾最有可能提出的三個最難的問題，預先準備好清楚、準確的應對方案是聰明的。

這也是將你自己的簡報拍攝記錄下來的好機會，你可以把自己當作觀眾，從客觀的角度來檢查自己的表現。看這種錄影，有兩種方法：

⑴關掉圖像，看你是如何處理簡報內容和語言的使用的(簡報的字句的選擇，語調，發音是否清晰，發音是否正確，語速是否合理等等)；

⑵關掉聲音，分析你的站姿、手勢、面部表情同直觀教具是否配合協調等。

什麼時候才能知道排練工作已經成熟了呢？

當你感到對明天進行簡報具有充足的信心、確信可以成功以及

滿懷熱誠時，你的排練就成熟了。

　　告訴排練聽眾，要求他們耐心看排練，並提醒他們，簡報就在明天，並請聽眾注意現在可不是打擊我的信心的時候。

7 團隊預演

　　團隊預演與自我預演相對應，要求簡報者在進行預演時，至少有兩個或兩個以上的聽眾。作為簡報者，只有在團隊預演的情況下，才能更好地將心理狀態調整到臨戰水準，而這一點恰恰是自我預演無法實現的。

1. 組織團隊

　　世界上沒有完美的個人，只有完美的團隊。我們看到成功者很多，但其實每一個成功者的背後都有一個團隊的支持。就像一個企業家的背後，一定站著一個與他志同道合的合作團隊；一個體育冠軍的背後，一定有一個技術分析團隊；同樣，一個成功的簡報者，也少不了團隊的支持。

　　一般情況下，一個專業的簡報者往往都需要一個專業團隊的支援。而團隊預演則是這個團隊最主要的工作之一。這個參與預演的團隊往往都是由多人組成的，但其主要構成人員至少應該包括這樣兩類人：其中的一類人是熟悉簡報內容的，這樣便於對簡報內容的把控，可以找出簡報上的缺憾；而另一類人最好是對簡報內容不熟

悉的,完全作為局外人來傾聽簡報者的簡報,這樣就比較容易發現簡報者論述不清的地方。

2.查找問題

團隊成員參與預演的最直接目的就是查找簡報過程中容易出現的問題。但是,團隊成員在指出簡報者問題的同時,要儘量保證簡報的正常推進,不能因此破壞了簡報進程。

在團隊預演過程中,參與預演的團隊成員可以提出的問題包括以下幾個方面。

(1)針對簡報內容的問題

簡報者的內容一定要能夠經得起推敲,否則,在簡報現場很容易被聽眾問倒,那將直接導致簡報的失敗。因此,對簡報者的內容進行把關,是參與團隊預演人員最主要的工作之一。

(2)針對簡報進程的問題

很多時候,簡報者預先設定的簡報進程未必能夠讓聽眾滿意,而透過團隊預演。團隊成員就能夠將這個問題反映給簡報者,從而,可以使簡報的進程得以改善。

(3)針對簡報者的問題

由於個人習慣或其他原因,簡報者在簡報過程中可能會有一些下意識的小動作或者出現一些不合理的停頓等等,這時團隊成員就可以向簡報者指出問題所在。

3.錄影改進

如果僅憑幾個人在現場把關,仍然有一些細節問題會被忽視,所以,如果條件允許,為預演錄影是個不錯的主意。預演結束後,簡報者與團隊成員透過重播簡報錄影,能夠查出許多在簡報當時沒

有注意到的問題。

其實，這也是許多 NBA 球隊在打完比賽後都會對比賽的錄影進行詳細分析的原因。他們的分析當然不是為了感受賽場氣氛，而是為了一起找不足，鞏固和提高成績。

透過重播簡報錄影，可以清晰地還原簡報者的每一個活動細節。這樣，預演團隊成員就可以及時發現細節處存在的問題，並提出改進意見。

透過錄影重播，簡報者可以很容易觀察到自己簡報過程中的肢體活動以及面部表情的變化，並發現不合適的地方，這樣，簡報者就可以在以後的簡報中適當地對肢體活動以及面部表情進行調整，以給聽眾一種自然的感覺。

團隊預演的目的，歸根結底就是為簡報者找不足，提升簡報者的簡報水準。因此，如果簡報者有足夠的條件，應儘量在簡報前做一下團隊預演。因為對於簡報者來說，每一次團隊預演都是一次簡報水準的提升。

心得欄 _

_ _

_ _

_ _

_ _

8 自我檢查

　　自我檢查，是簡報之前的最後一個環節。這一環節包括了對簡報各項準備工作的綜合檢查，既包括了對簡報者自身的檢查，又包括了對簡報文稿、簡報設備等的檢查。一般情況下，這種檢查都是在簡報開始前一天或當天進行的。

1.著裝準備

　　簡報者是去做簡報而不是去逛街的，因此，自身的著裝很容易成為聽眾談論的焦點。所以，簡報者一定要根據簡報的內容選擇合適、得體的服裝。例如，一個簡報者要去做一個關於商務禮儀的簡報，那麼，無論如何自己的著裝都不能違反商務禮儀的規範，否則，就可能成為聽眾的「笑柄」。

　　一般來說，簡報者的著裝首先應該滿足簡報活動的需要，因為簡報者在簡報過程中隨時都會走動，因此不能穿著過緊的褲子，當然，也不要鬆鬆垮垮的，否則聽眾可能會產生不愉快的感覺。

　　簡報者第二個要滿足的著裝要求是服裝顏色的搭配要合適。例如對於男士來說，如果穿的是標準商務西裝，那麼，全身上下的服裝顏色不能多於三種；對於女士來說，裝飾品不應戴得過多，以免發出叮噹作響的聲音。即使簡報者穿的是休閒裝，也要保證上身衣服的顏色要比褲子的顏色淺，只有這樣，簡報者的臉才會更容易吸

引聽眾的目光，而這正是簡報者所希望達到的效果。

簡報者著裝準備的最後一個要求是提前準備。如果簡報者要在第二天參加簡報活動，那麼，在頭一天的晚上，簡報者應該把所需的服裝全部準備好，並集中放在一起，以防止第二天早上穿衣服時「丟三落四」。

2.文稿檢查

簡報文稿是簡報中最不可或缺的東西。有人曾經開玩笑地說過：「簡報者即使把自己丟了，也不能把簡報文稿弄丟。」由此可見簡報文稿對於一場簡報的重要性。

簡報者對簡報文稿的檢查主要包括以下幾個方面。

(1)簡報文稿狀態的檢查

這種檢查主要是對簡報文稿運行狀態的再次確認，包括對文件打開狀態的確認和文件完好程度的確認。這種檢查主要是防止在簡報現場出現文件打不開或者文件裏都是亂碼的情況。

(2)簡報文稿內容的檢查

雖然簡報者事先已經對簡報文稿的內容進行過確認，但為了保險起見，在最後階段還是要對簡報內容進行再次確認。但這次的確認，主要是對文字、格式等的小規模調整，這時應該避免大範圍調整，以免簡報開始前無法完成簡報內容的修改，除非簡報者發現了重大問題，必須進行修改。

(3)簡報文稿備份的檢查

簡報者千萬不要只帶一份簡報文稿就去做簡報，因為，那樣就意味著你將會冒相當大的風險。

簡報者只有做足了備份文件——通常情況下，至少需要兩份以

上的備份,才能防止這樣的事情在自己身上重演。

3.預留的時間

簡報者必須提前到達簡報現場,這是對簡報者的一個最基本要求。雖然每一個簡報者都認可這句話,但在具體的簡報過程中經常出現這樣的情況:簡報的時間已經到了,作為主角的簡報者卻不知身在何方。所以,為了保證能夠在簡報開始前站在簡報的講台上,簡報者需要做好以下幾項工作。

(1)預留充足的準備時間

簡報者應盡可能早地提前出發,任何時候都不要把時間排得緊緊的,那樣的話,任何一個步驟出現差錯,都有可能造成簡報的遲誤。

(2)合理規劃行進路線

除了提前出發,簡報者也要盡可能合理地規劃自己的行進路線,避開堵車比較嚴重的路段,防止意外事故的發生。

(3)隨時準備提醒自己

為了確保自己不會忘記簡報的日期,簡報者最好能預先做一些提醒的準備,如可以讓他人幫忙提醒或者在電腦上和手機上設置一下日期提醒功能,總之,必須保證簡報者不會忘掉簡報時間。

9　簡報的結尾

當你的聽眾聽到簡報者說出「……總而言之」這些話時，他們的臉上總會堆滿微笑：不論你的簡報有多麼清楚、有趣、構造得多麼好，他們還是會因為你的簡報即將結束而精神一振。結尾，就像剛開始一樣，是聽眾注意力最為集中的時候。令人印象深刻的結尾方式有：

1. 概括總結你在簡報過程中所提出的主要觀點，包括結論、發展趨勢、有爭議的看法等。

2. 緩慢地一字一頓地讀出你的建議。（記住，你要將之表達為簡報的主要內容。）

3. 推出你的行動計劃。如果聽眾看到你的實施計劃，他們必將更傾向於接受你的建議。你的計劃應包括：展示一張顯示實施建議的具體步驟或行動的圖表，並向聽眾介紹每一步的執行負責人。要顯示每一步可能花費的時間，以及結果的預期是怎樣的，什麼時候可以最終實現建議。向聽眾展示出每一步的財務支出以及全部的財務開支。

4. 要求聽眾同意並承諾實施建議。在簡報中，聽眾點頭示意往往是表示「我聽懂了」，並不意味著聽眾表示「我們同意」你的看法和要求‧你要堅決、直接、具體地要求：「我們今天要達到的目

標是要你們同意在你們的部門削減 30%的開支。如果我們的目標實現了,那麼在公司財務季結束的時候,我們會看到什麼樣的結果呢?」如果聽眾不同意,那麼就同聽眾進行討論以爭取最後得到他們的同意。

5.統計總結並確定「下一步」。統計總結在簡報中達成的所有一致點。例如,某個聽眾要求的具體分析,你詢問的額外的信息。在最後重覆這些內容,以使每一個聽眾知道你已經瞭解了他們的觀點。還有,對後續的會議或者簡報的安排要達成一致。

一次簡報並不是說隨著你最後一句話講完就此結束。在你和聽眾建立關係的一系列複雜過程中,簡報只不過是其中的一個方面。應該把簡報的結束當成一種期待,所有的人對未來同心協力地投入工作的期待。

心得欄 _

_ _

_ _

_ _

_ _

10 用音樂穿插說話

　　在對團隊人員講述今後幾年他所關注的內容，期望用他的願景來激勵整個團隊。他採用了他最喜歡的古典音樂作為背景，並且分別把他演講的 4 個部份配上了貝多芬第九交響曲的 4 個樂章。

　　在設計簡報幻燈片時，將簡報的 4 個部份中的每一部份與音樂相結合。然後他開始介紹每個章節，他將每個章節的內容與樂曲的節奏相結合，使用音樂旋律來描述他所闡述的某些數據。在每個章節的最後，都用了摘抄的音樂篇章來結束他的演講信息。

心得欄 _____

_____

_____

_____

_____

第 八 章

簡報者的檢測

　　不要讓觀眾覺得你對簡報設備一無所知。首先要提醒你的是，不要使用不熟悉的軟體。也許簡報報告並不是你本人策劃製作的，而別人用的是你沒用過的軟體，或者你是首次使用該程序，經驗不足。於是當你面對觀眾，發現某程序不能正常運行，就變得束手無策。如果你不能熟練地操作，觀眾對你的報告也會失去信心。

　　不要使用自己不熟悉的設備器材。假如你想向客戶推銷某產品，但在操作簡報設備時故障不斷，這時客戶不禁要問：「這個公司怎麼連產品展示都做不好？他們竟然派一個什麼都不會的人來做產品說明，這叫我們如何信賴他們的售後服務呢？」

　　經常向有經驗的人請教，讓他們教你如何使用簡報設備，找出容易出現的問題，並學會解決的具體措施。為了觀眾，也為了你自己，必須掌握有關的操作技術和技巧。

1 提前若干天開始準備

面對觀眾輕鬆自若、胸有成竹，能做到這一點的報告人都遵循這個座右銘：「為最壞的情況做打算！」以下是在報告開始前需要做的準備工作。

1. 選擇你買得起的最好的電腦

這似乎是理所當然的。但人們發現他們以高價購買的電腦不能快速清晰地放映錄影短片、顯示圖片圖表，而且，用你自己的電腦。也許你會被告知，那兒有一台電腦供你使用，但是這台電腦裏不一定有你需要的所有程序。一位報告人說：「有一次，我很早就到了指定會場等，等著他們給我找一台電腦。最後終於找到一台，卻總是問題不斷。」

2. 確定你帶了 LCD 投影儀的電源接口

一些新式的電腦沒有內置的電源接口，你得自己準備一個，並把它放在容易看到的地方。一位視頻媒體(visual media)部門經理說：「一些報告人來時，帶著又輕又薄的筆記本電腦，但是卻沒帶適配器(adapter)，而我們通常也沒有準備，他們只能自認倒楣了。」

3. 購買無線麥克風

許多人一直都在大型的會議中心或較大規模的飯店做報告。由

於聲音的傳送是報告會很重要的一部份，有必要自己準備一個無線麥克風，這不僅自己方便，無形中也為公司贏得了聲譽。

4.備份資料

為什麼要提前備份呢？你可能會碰到這些情況：忘了帶電源線、停電、會場沒有電源插座或插座壞了、電腦或 LCD 投影儀出現故障、硬碟崩潰了、由於電池電量不足報告文檔受到損壞、在趕飛機的途中不小心把電腦摔壞了、將飲料撒在了電腦上以及電腦被盜了等。

5.演練時別忘了可能發生的最糟糕的情況

如果你的報告至關重要，在預演練習中，假設你根本不能用電腦，你將如何繼續你的報告。執行備用方案。如果備用方案用的是完全不同的設備，在別人重新組織安裝設備時，你需要面對觀眾，繼續你的報告。可能的話，假設兩套方案都行不通，你又將如何應付？如果你很有可能會用到備用案，那麼這套方案必須十分可靠、便捷，保證在 5 分鐘內就能啟動。一旦第一套方案出現問題，你的同伴應該立刻幫助你準備第二套方案需用的儀器，而你可以繼續你的講話，不要讓觀眾無所事事。以下是備份方案的設計提議，從中選擇適合的策略，以防萬一。

⑴將報告內容拷貝到 CD、磁片或 U 盤中。另存到壓縮盤中不太可取，因為很多人的電腦不能運行壓縮盤(Zip disk)。

① 確定錄影短片和其他相關文件都保存在了你的報告文檔中。例如，你的報告中穿插了錄影短片，把它存入你的電腦。PowerPoint 電腦軟體只能作為一個平台，提供的只是一個指向這個錄影短片的鏈結，如果該短片沒有存在用來簡報的電腦上，那就

無法展示了。如果你將報告製作成了 CD，別忘了拷貝錄影文件。檢查確定你沒有改變指向文件的鏈結路徑。有一個簡單的方法可以解決這個問題，將所有的音頻、視頻文件和簡報報告都放在同一個文件夾裏。在你複製、轉移文件夾時，就可以帶走所有的文件。

②演練時，試用一下 CD 備份文件，以防幻燈片顯示出現問題。許多報告人打開備份文件時，看到幻燈片上出現的都是可怕的紅色 X 符號。

③如果文件含有特殊符號，包括著重號，就要一一存入自己和助手等相關人員的電腦裏。將使用的特殊符號專門備份，以備他人所取，並為在進行數據轉移時鏈結的失效做好重建的準備。

④檢查備份文件。每個視頻驅動器(video driver)都有所不同，你可能會碰到意想不到問題，尤其是切換時。事先流覽一下你的簡報文件，以保證播放時不會出什麼差錯。

⑵帶一套備用的透明幻燈片和 35mm 膠片幻燈。

⑶將報告文件發送到你隨時可以訪問的網站。有人建議：讓辦公室的同事保留一份你的報告文件，需要時可以讓他透過電子郵件將文件發送給你。但這時會有兩個問題：第一，電話沒人接聽，你可以打電話求助，但辦公室不一定總有人在；第二，文件太大，你無法從網站下載。

⑷羅傑‧派克(Roger Parker)建議：「用 Adobe Acrobat 做一個備份，然後以非鏈結文件的形式傳輸到你的網站。假如電腦被盜或不能使用，你只需借台電腦(大多都有 FTP 和 Adobe Acrobat Reader)下載 Acrobat 文件，這樣你就可以繼續你的報告了。」

⑸每次都準備一份報告的影本，這是必須的，如果其他所有的

備用方案都告以失敗，你的即興發揮至少還有據可依。我們已經聽說許多報告人在這種情況下，只能憑著記憶隨意發揮。不要讓自己處於這樣的尷尬境地。一位同事說:「有時我會自己複印一份講義，如果所有的電子簡報方案都不能用，我可以直接按照複印的講義講解。」

(6)將報告內容發送給和你一起出席報告會的同事，即使你的電腦出了故障，還可以借用同事的電腦。

(7)將報告內容發送給你認識的觀眾或客戶，這樣，需要時可以借用他們的電腦簡報。

(8)將報告文件存入 U 盤，應用 U 盤拷貝轉移文件方便快捷，且易於攜帶，它就像一個微型硬碟。U 盤可以裝入 PCMCIA(PC CARD)數據機插槽。U 盤的一般規格有 8 兆、16 兆、32 兆和 64 兆幾種，和數碼相機用的 Compact U 盤(Compact Flash Card)完全一樣。只要 U 盤足以存放你的報告(就文件大小而言)，就不會有什麼問題，更令人滿意的是，幾乎所有的筆記本電腦都有 U 盤接口。

(9)如果報告十分重要，除了攜帶非電子備份外，還可以準備兩套電子設備。有報告人告訴我們說:「所有的設備我們都準備了兩個——兩台電腦、兩個投影儀。但我們沒想到的是會議室的插座是壞的。「整個三藩市唯一一個無法使用的插座不幸讓我給碰上了。」

(10)千萬千萬不要用 Player。在對方電腦中沒有 PowerPoint 電腦軟體程序時，人們會透過 Player 發送文件，但這樣做會造成數據丟失。

(11)查詢當地的視聽設備銷售商，你可能需要從他們那兒購買纜線、插座、連接器等。當你需要在某飯店做簡報報告時，事先確定

一下是否有 AV 工作人員來幫你安裝設備，因為在有些飯店他們會把所有的設備都擺放在會議室，讓你自己動手安裝調試。

6.設備檢查

你的檢查項目包括以下內容：

⑴電池。即使有電源線，偶爾你也需要用到電池。如果發現以前能用 3 個小時的電池現在只能用 40 分鐘，立刻更換。別忘了電池都有一定的保存期限，一旦過期，便不能再用了。按時給電池放電（至少一個月一次），直到徹底放完，再重新充電。

⑵相關鏈結。用電腦和投影儀演練時，檢查一下各種圖表、錄影和音響效果都能否快速順利調用。如果你的報告借用了他人製作的超連結，演練時必須要自己動手操作一遍，熟練掌握多種簡報媒體的切換。另外，在報告即將開始時，再檢查一次鏈結，以確定能準確無誤地鏈結到所需的內容。如果要連接 Internet 或內部網，報告開始前就做好連接，並將其中重要的網站文檔拷貝到你的報告文件中。這樣，即使不能及時訪問相關網站，你也可以向觀眾簡報一些相關文檔。提示：如果是文件之間的鏈結，將這些文件放入同一個文件夾裏，然後將該文件夾拷入你的電腦或 CD 中。

⑶投影儀和顯示器。演練時所用的顯示器和會場的應該是同樣大小。顯示器的大小會影響到簡報的色彩和圖像的清晰度。人們常常錯誤地認為在電腦上顯示清楚的文字，放到 7 英尺的螢幕上觀眾照樣也能看清楚。事實上，要讓所有的觀眾都看清螢幕上的文字，至少要用 24 號字體。

你堅信使用飯店提供的 LCD 投影儀很合適，但結果卻看到文本字跡不清，色彩顯示失真，所以事先有必要看一下大螢幕的顯示情

況。如果想事先希望測試所有的報告文件，你可以將文件發送給安裝調試設備的工作人員，讓他們在投影儀上試播一次，看色彩顯示是否正常。

錄影片有時也可能出問題，你必須學會切換 CRT/LCD 裝置，這樣錄影片才能在 PowerPoint 電腦軟體狀態下運行。有些電腦的錄影片顯示效果較好。一個報告人說：「我以前用 Gateways 播放錄影片斷，沒出過什麼問題。現在我用的是 Dell Latitudes，每次播放錄影短片都需要切換 CRT/LCD 裝置，很麻煩。」為確保錄影插播萬無一失，可以操作功能鍵關掉電腦顯示器，使電腦只與外部連接；然後關閉電腦，這一步需使用無線滑鼠，因為此時你無法使用鍵盤上的功能鍵。注意，別切斷電源。

投影儀的解析度須和顯示器的解析度一致。換句話說，如果電腦顯示器的解析度為 XGA(或 1024×768)，那麼選用的投影儀的解析度也應該是 XGA。雖然解析度不同也可以使用，但顯示的字符週圍會有不規則的鋸齒陰影。

用投影儀器演練的另一個原因是，許多投影儀不支持電腦的所有顏色，這時就會出現浮水印圖片和蠟筆畫的色彩(pastel colors)，這當然是你不願意看到的效果。

⑷對方提供設備。如果不是自帶 LCD 投影儀，出發前應向對方詢問他們提供的投影儀的解析度。如果是借用設備，你需要確定電腦裏有你需要的軟體程序。為確保你的確可以使用對方提供的電腦，要仔細詢問有關的細節。例如，你只攜帶了一張報告磁片，到了地方卻發現給你的電腦裏安裝的軟體和你使用的不是同一個版本，或者借用的電腦記憶體太小，根本不能運行你的報告文件，所

以，最好用不同的軟體版本存儲報告文件。留足演練時間，以確保
各種版本的報告文件和儀器設備運行正常。一位報告人向我們講述
了他的經歷後說：「自從那次尷尬的經歷後，我再也不讓會議的組
織者幫我安排 AV 裝置了。現在，我都是直接與會場的專業技術人
員聯繫。」

　　⑸練習使用無線遙控滑鼠。這一點非常重要。沒有人在進行簡
報報告時使用「下一頁」這個功能鍵來操作。更不要專門請人在一
旁來幫你操作鍵盤。應該由你自己來控制幻燈片的切換，以控制報
告的速度和節奏。科技發展到今天，已經完全不需要助手在一旁按
「下一頁」鍵，報告人也不許時不時地喊一聲：「下一張。」買一
個無線滑鼠，學會使用它，問題就解決了。有了它，你無需為了切
換幻燈片而中止講話也不需將注意力從觀眾身上轉移到鍵盤上，還
得考慮該按那個鍵才對。

7. 設備調試

　　簡報者在自我預演過程中，除了簡報內容的準備之外，還要同
時對簡報設備進行調試，尤其是需要自備設備的簡報。雖然很多時
候，簡報者是不需要親自對設備進行調試的，但簡報者最好能夠熟
練操縱簡報設備，包括連接設備。

　　簡報者進行設備調試的工作主要包括以下兩個方面。

(1)軟體檢查

　　一個簡報者千萬不要在簡報中使用自己不熟悉的軟體。除此之
外，簡報者還要將簡報文稿在電腦上反覆地進行運行測試，以保證
不會在簡報現場出現異常情況。同時，為了保證整體的簡報效果，
簡報者最好在預演過程中將簡報文稿從頭到尾地播放一遍。

(2)硬體檢查

簡報者如果是自備簡報設備的話，就需要在預演時將所有設備連接好並調試到最佳狀態；如果不需要簡報者自備設備，還要考慮硬體設備與軟體的相容問題，也就是說，簡報者要考慮自己的簡報文稿在其他的設備上能否正常運行。

有些時候，為了穩妥起見，簡報者可以嘗試將所有簡報設備的連接線路全部切斷，然後自己再全部重新連接一次，雖然在簡報現場未必需要這樣做，但是，作為簡報者還是應該在各方面都有所準備的。

8.錄音效果

簡報者如果對自己的語速、語調不是非常有信心，可以考慮將自己的簡報內容做一下錄音，然後，再從錄音中找出不足，以便於改進。

簡報者為自己的預演進行錄音有以下幾方面好處。

(1)調整語速

簡報者在聽錄音過程中，可以發現自己語速是不是過快或過慢。簡報者很難在簡報過程中發現自己語速的問題，而透過重播錄音的方式，就可以很容易發現這個問題。

(2)找出簡報中的不足

簡報者可以在自己錄音時，將自己想像成一名聽眾，從另一個視角全面審視自己的簡報。就像有一位名叫亨利的演說家曾經說過的那樣：「我在聽自己的簡報錄音時，實際上就變成了一個挑剔鬼。在聽到有些地方過於囉嗦時，就曾這樣對自己說，『嗨！亨利，你這個地方廢話太多了，我都要睡著了』；在聽到有些地方過於簡短

時，又這樣對自己說：『嗨！亨利，你是怎麼搞的？這樣講我怎麼能聽懂你在說什麼呢』；在聽到有些地方吐字不清時，又對自己說：『嗨！亨利，下次不要著急嘛！這像個什麼樣子啊』……總之，就是想辦法找出自己的不足，然後，設法改正它。」

　　只有知道了自己的不足，才能有辦法改正它。對於簡報者來說，為自己的預演錄音，就是為了找出不足、改掉不足，進而提升自己的簡報技能。

　　除了文稿之外，簡報者還要對自己簡報所需攜帶的裝備進行認真的檢查。一般情況下，筆記本電腦是必需的，即使接受簡報方能夠提供電腦，簡報者也需要自備一台筆記本電腦，因為每個電腦上裝的軟體有時會有很大差異，對方提供的電腦很有可能識別不出你的簡報文稿。如果接受簡報方明確讓簡報者帶電腦時，簡報者則更應該做好充分的準備，再帶一台備用電腦也不會是多餘的舉動。

　　很多時候，簡報過程中出現故障的並不是像筆記本這樣的大件裝備，而是一些像電池一樣的小件裝備。因此，簡報者最好提前將簡報所需要的裝備列一個清單，詳細記錄每次簡報所需的裝備，在出發前再次對這些裝備進行核對，防止遺落或缺失。其實，這張單子也不是一次性的，如果你是一個常常做簡報的人，你會發現，有了這張單子，你在以後的簡報準備中會省很多事。我們給出了一張裝備清單的樣例，簡報者可以根據自己每次簡報的需要酌情增減，如表 8-1-1 所示。

表 8-1-1 簡報準備裝備清單

類別	裝備名稱	本次簡報是否需要	出發前是否準備好	到達後是否完好
電腦以及附屬設備	筆記本電腦			
	滑鼠			
	電源線			
	接線板(電線要較長的)			
	備用電池			
	移動硬碟或U盤(裝簡報文稿或資料)			
投影儀以及附屬設備	投影儀			
	電源線			
	顯示器			
簡報所需教具	多媒體簡報筆			
	麥克風			
	簡報所需其他教具			
	錄音筆			
其他設備				

　　簡報者只需在表中空格處該填「是」的地方畫「✓」,該填「否」的地方畫「✕」。

2　報告即將開始

　　確定與客戶公司有關負責人的碰面時間，想好一旦該負責人遲遲不到該怎麼辦。再也沒有比一個人坐在會議大廳無所適從地傻等更糟糕的了。一般情況下，你所需的設備還未到位，你得請人把設備搬進會議大廳，並安裝調試好，這一系列工作是很費時間的。接著，你需要快速流覽一遍簡報文檔，檢查色彩顯示是否正常，如顏色是否淡化不清、是否有浮水印等。

1. 會場

　　⑴會場的佈局。如果發現會場的佈局不合適，你可以動手重新佈置。這是你的報告會，應儘量使會場的佈局符合你的需要。大部份的會場被安排成矩形，而扇形的佈局可能更適合你。排放桌椅的位置時要注意距離適當。例如顯示器的規格是 8×6 英尺，那麼第一排與螢幕的距離至少是螢幕高度的 2 倍，也就是 12 英尺，這樣觀眾才能看清楚螢幕，最後一排與螢幕的距離不應該超過螢幕高度的 6 倍，即 36 英尺。每排的寬度也有規定，第一排寬不少於螢幕寬度的 4 倍，即 32 英尺，最後一排寬不應超過螢幕寬度的 8 倍，即 64 英尺。

　　⑵螢幕顯示。如果螢幕較小，可以將它放置在講台或椅子上，這樣後排的觀眾也能看到螢幕底部的簡報內容。

⑶如果可能，適當調整會議大廳的燈光。有時燈光能有效影響顯示的清晰度。不同開關控制著房間不同位置的照明，但有時燈光會破壞顯示效果，如白熾燈。事先可讓工作人員把可能會影響顯示效果的白熾燈取掉。如果是在公司會議室，可以自己動手取下白熾燈。

2. 筆記本電腦

⑴接通電源。事先給電池充好電，以備不時之需。不要在正式報告開始前用電池來練習或檢測。有很多報告人在等待期間便將電池電量耗盡了，建議演練時最好選擇有電源插口的房間。上台前可以用電池使電腦處於開機狀態，正式報告開始時，再接入會場的電源插口。一位報告人對我們說：「在一次報告會上，我直到進入會議大廳才打開電腦，由於 Windows NT 的啟動速度較慢，我只能尷尬地站在台前，緊張得大汗淋漓。」

⑵關閉某些功能。關閉螢幕保護程序，簡單的做法是，單擊滑鼠右鍵，然後點擊「屬性」便可找到屏保設置。另外，還要關閉那些不知什麼時候就會跳出來的提示框，告訴你「電池充電完畢」之類的。放映機的屏保也應處於關閉狀態。關閉電腦音響，使之處於靜音狀態，因為大多數的人不喜歡在幻燈簡報中聽到聲響。除非你的報告對象是 7 歲的孩子，可以用 PowerPoint 電腦軟體中的各種音響效果來吸引他們的注意力。

⑶你和電腦的位置。電腦顯示器不要阻礙投影儀的光線和觀眾的視線。你自己至少應該有兩個站位，以免遮擋幻燈簡報。

⑷纜線。將纜線收放在適當的地方或把纜線系成捆，以免自己被絆倒。在一次報告會結束時，有觀眾告訴報告人他們一直都在擔

心地上的纜線會絆倒她。為了讓觀眾安安心心的聽報告，事先將纜線系在一起，不要胡亂散放在地上。儘量將纜線藏在觀眾看不到的地方。一位客戶告訴我們說：「那個報告人對自己使用的設備裝置一無所知，他竟然一腳將電源線踢出了門外，簡報立刻中斷了，他不得不手忙腳亂地重新安裝設備，啟動電腦，更糟糕的是，他把前幾張幻燈片又重覆了一遍，好像他自己從沒看過似的。」

⑸檢查電源。確定電源線的兩端都已經連接好，可以透過查看電池是否處於工作狀態來確定電源線是否接好了。不要用電池來完成你的簡報報告。如果會場的電源插座安裝在講台前的牆壁上，注意檢查是否真的接好了電源線。我們聽說，某公司的一位首席執行官在報告進行到一半時，電腦突然發出「嘟嘟」的響聲，警告電池電源不足，他這才知道電源線一開始就沒接好。於是，CEO 繼續他的報告，而他的助手則在一邊趴在講台下將插頭接人電源插座。幸運得是，插座並不是很難找。

⑹電源一旦接好就不要再切斷。當安裝並調試好設備後，不必再拔掉插頭。那樣做，很容易使調試好的設備出現故障。如果發現色彩顯示不正常，可能是因為插頭沒插好。據說，有人在報告開始前，特意反覆開關電腦以消除一切故障隱患，使報告能夠順利進行。

⑺簡報螢幕。應該知道按什麼鍵可以把報告內容簡報到螢幕上，通常會用到 Fn 和顯示功能鍵。

3.再細心一點就能避免意外

⑴找到報告文檔。在本公司的會議室做簡報報告，報告人往往將報告文檔存放在內部企業網上。如果到時你找不到文檔，場面將非常尷尬。應儘量早一點到達會議室調出並打開文檔。

⑵備用方案可以隨時啟用。如果你準備了一台備用電腦,報告開始前,打開該電腦,並打開報告文檔以備隨時啟用。事先將備用電腦和投影儀配合試用,看是否有問題。

⑶不要讓飲料、茶水接近你的電腦。讓你的咖啡與電腦保持一定的距離,更不要讓其他人把飲料放在你的電腦旁邊。

⑷不要和別人共用電腦。如果你將電腦借給別人使用,有人可能會不小心刪除你的報告文檔,或將報告文檔移到某處而使你找不到。如果必須合用,那就由你來操作鍵盤,不要讓其他人動鍵盤。另外,技術人員有時為了讓電腦和投影儀的解析度一致,可能需要改變電腦的某些參數。注意技術人員都做了那些改變,以便報告結束後你自己能將電腦參數恢復到原來的狀態。

⑸盡可能避免使用鐳射指示器。許多人都不能正確地操作鐳射指示器。如果你已經能很生動地向觀眾簡報圖表,就不必用鐳射指示器來輔助解說了。如果非用不可,注意,首先將鐳射點固定在幻燈片上,需要時在螢幕上緩慢移動,使用完畢後立刻關閉,以免射到別人的眼睛。在解釋文本時,不要用鐳射指示器。只有在強調某一數據或圖表的某一部份時使用它。

以上較全面地列出了注意事項,希望你都已經做到了。但即使如此,還是有問題怎麼辦?首先,不要埋怨科技不盡如人意,你只要從容應對就行了。如果你使用的是客戶的設備,不要對他們的配置系統大加指責。告訴自己:幾個星期後你的報告經歷,無論成功還是失敗的對其他人都會有所啟發。

3 用不用 PPT

　　即使患有科技恐懼症，也會熟練使用 PowerPoint 電腦軟體。但這世界上還有保守分子還沒有掌握這一極其重要的銷售簡報軟體，如果你就是其中一員，那請你別再對電腦心存恐懼了，快去學習吧。

　　不懂 PowerPoint 電腦軟體會立馬讓你的形象大打折扣。在這個崇尚年輕的時代，你會被打上「老」的標籤(不管你實際年齡有多大)。就好像你現在還沒有手機或語音信箱一樣，沒人願意跟一個停留在 20 世紀初的銷售員打交道。也就是說你必須熟練掌握 PowerPoint 電腦軟體，才能在很短的時間內把簡報做出來——因為有時侯不得已必須做 PowerPoint 電腦軟體，而其中的內容不能任意捏造。即使你在準備 PowerPoint 電腦軟體簡報的時候得到了很多幫助，別人也不會知道。談論起 PowerPoint 電腦軟體的時候，你要顯得遊刃有餘，因為潛在客戶提出的問題可能需要利用這個軟體的相關知識來回答。簡而言之，只會按個按鍵翻到下一頁幻燈片是遠遠不夠的。

　　使用 PowerPoint 電腦軟體最主要的優點是它可以讓你顯得很專業。有了它，你就是內行。就算不是 MTV 那代人，至少也是 VH1 那代。

另一個優點是你不用翻動圖表或者浪費時間將幻燈片一張張地掛在明亮的螢幕上，這可以讓你將注意力集中在你所要傳達的信息以及聽眾的回應上。

使用 PowerPoint 電腦軟體也有不好的地方。例如，電腦死機了，或是別人答應提供的螢幕或其他設備沒有到位，又或是線路不夠長，夠不著電源插頭，而你的電池又沒電了。這就是科技帶來的奇妙世界：頃刻之間，滿滿一屋子滿懷希望，焦急熱切的潛在客戶將不知所措。

如果你做的是一對一或者一對二的 PowerPoint 電腦軟體，你必須確保能將電腦放在每個人都能看見的地方。如果潛在客戶坐得不正，或者燈光設備不好，他可能會看不清螢幕，你的簡報就無法對他產生足夠的影響。

如果聽眾比較多，就要採取類似的預防措施，首先要做的是保證所有人能看見你的工作成果。如果你在自己的房間——例如，在你自己的辦公室或你已經租好的會議室——你就可以自己掌控。早點兒到那裏，確定所有設備運行良好，從每個座位都能看見簡報螢幕。另外，還要檢測一下溫度，不要把房間弄得過於暖和。

如果你在客戶那裏做簡報，就儘量爭取能提前進入房間。檢查所有你需要的東西是否齊全，功能完好。保證有時間修理出現故障的機器。

如果你和其他人——你的銷售經理或者同事——一起做簡報，你們都要帶上裝有簡報的手提電腦，如果遇到突發狀況，你還有個後援。

不要將幻燈片列印出來。如果你這麼做，聽眾看看幻燈片就瞭

解你的整個簡報了，而你也沒必要再展示了。

　　不要在一張幻燈片上打太多字，即使它只是你簡報的一部份。一張好的幻燈片通常會附上一條簡潔的措辭，一個擴展開來意味深長的語句。

　　一位很有使用 PowerPoint 電腦軟體措辭的技巧。他從來不會使用 12 張以上不同的幻燈片，但這些幻燈片能夠囊括所有的內容，這一招非常有效。

　　有的人喜歡使用一些卡通畫讓他們的簡報顯得可愛一些。可其實這麼做沒用。人們微笑地看著卡通畫，把注意力都集中在那張奶牛插圖上，而忽略了你所要傳達的信息。有些幽默沒什麼不好，但是你必須小心謹慎。對於某些人來說是笑話，對另外一些人來說可能就是污辱。

心得欄 ----------------------------------

----

4 簡報需要多長時間

當觀眾為了你的簡報而聚集在一起時，每個聽眾的心裏都肯定會產生這樣一個問題：「這個簡報要佔用我多長時間？」

通常情況下你是被動地無權做決定的。因為已經有人決定並指示你這次簡報要用多長時間。如果你確有決定權，那麼要記住，佔用時間越少越好；如果在一個小時之內你還不能讓觀眾瞭解你的信息，那麼給你兩個小時也做不到多好。

用這個方法思考一下：電影的放映時間平均約為 90 分鐘，電視劇大約需要 22 分鐘(不包括廣告佔的時間)，廣告大約佔用 30 秒或更少的時間。當然，這些多數都是簡單的信息。若是商業簡報則要複雜得多，不能簡單比較。然而簡報時間的長短與觀眾的眼睛是否會因厭倦、疲勞而閉上，兩者之間確實是有直接關係的。

對於一個聽過多次簡報的人來說，如果你簡報時用的實際時間比預定的短，他絕不會因此而抱怨你；反之，如果簡報用的時間超過預定，他們就會抱怨，而且這是理所當然的。在我被邀請做簡報時，我常常要求預定時間比我所需要的時間多一些，而在簡報時，我再爭取能提前一點結束。這樣離開時，聽眾就會覺得他們佔了便宜了。他們喜歡這樣的結果。不管給我多長的時間，也不管我會得到多少個問題，我都會保證按照我所承諾的時間結束簡報，即使在

簡報中省略掉一些材料我也會這樣去做。

可是如果在簡報安排的時間段內還未達到預定目的怎麼辦？這裏有幾點建議：

- 簡報前對簡報預期要求不要太高，應該更符合實際些、更客觀些。達不到預定目的，就計劃做第二次簡報或安排一個後續會議把目標實現。

- 在簡報之前的幾天內，準備一些對簡報內容簡介性的印刷品分發出去，讓觀眾預先得到一些初步信息。在簡報期間，再特別為那些可能沒看過簡介的人進行指點並總結要點。我之所以強調總結這個詞，是說不要逐頁重覆講義的內容，那樣將會使你處於尷尬的局面。如果簡報者重覆前面的講義，觀眾中的決策者就會說，「你可以假定我們已經讀了你發的講義稿，不要再重覆了，我們今天想要的是對我們該幹些什麼來做出決定。」唉！

- 另外一種可供選擇的方法是，讓觀眾明白，分發給他們的材料中包含更多的信息（如果可能，避免在簡報開始時分發印刷品；因為這樣你會將觀眾的注意力從你以及你的簡報上轉移開）。

- 準備更多的詳細信息和背景資料，以便在聽眾希望暸解更多時備用——例如預計數據的支撐假設。

- 設計好簡報段落以及你打算出示的圖像材料的重點：必須簡報的內容；可以忽視、省略的內容。

- 對於簡報目的與觀眾達成新的一致。可想而知，當簡報即將結束而聽眾仍帶著許多困惑的問題時，顯然不可能按時結束

簡報。在這種情況下，許多觀眾會留在屋子裏，覺得你還沒有講完。這時你應該停下來，提出一個新建議：「給我們幾分鐘時間，讓其他有事要去做的人先離開會場。有問題的人可以留下，只要你們提出問題，我就會做出解答。」這樣，三分之一的觀眾散去了。你和留下的觀眾一起度過了接下來的半個小時。

即使時間不算是問題，減少你要闡述的細節也是個很好的主意。我的一個朋友把闡述過多細節、企圖展示一切的傾向稱為「APK綜合症」，即急切展示知識綜合症。如果那樣去簡報，那麼陳述進行大約 40 分鐘後，在聽眾眼裏看來，每一幅線形圖都像一碗義大利細條實心麵條，而圓形圖則更像一片荒涼的沙漠。

當然我們確信你能準時開始簡報。可是如果觀眾不準時呢，那該如何是好？

你仍然可以按時開始簡報，但這只能相機而為。如果聽眾已經到場的不是很多，你可以再等三五分鐘，但你有義務為那些準時到的觀眾按時開始。總之，不管那些聽眾有何種原因、為了什麼情況而遲到，我們不要因為那些不準時的人而損害準時到達的聽眾的利益。

是這個道理。但是，如果聽眾中有決策者遲到了怎麼辦？

仍然按時開始。可以在當遲到者到場時，再總結一下你剛才講過的內容，告訴遲到者你現在講到了那裏。其實按時到達的觀眾並不是很在意這種簡報的不連續，而是更在乎簡報不能按時開始。

有一次，在聽眾中某位決策人尚未到場的情況下，我按時開始了簡報。簡報開始 20 分鐘後她才到場。我對她的遲到視而

不見，繼續進行我的簡報。

　　這時，一位聽眾打斷了我的簡報，告訴我說，如果這位後到者不知道簡報內容的話，聽眾的意見是無法最後達成一致的。他建議我花費些時間把我所講過的觀點歸納總結一下。我按這位聽眾的建議做了，後來的簡報進程證明，由於全體聽眾都聽取了完整的簡報內容，就使我很容易地實現了讓大家達成一致意見的目的。

　　嚴格遵循「按時開始、按時結束簡報」的原則，其重要性是比組織、安排簡報材料更加值得強調的；這是做事誠實和守信的問題。如果我們做到按計劃進行，就會凸顯我們遵守協議、履行承諾的主觀願望和辦事的能力。

心得欄

5 簡報工作中的現場檢查

　　無論簡報者之前做的準備工作多充分，簡報的成敗最終還是要取決於簡報者的現場發揮。簡報者現場的發揮，決定了簡報的成敗。

　　簡報者儘管可能在到現場之前已經對自己的設備等進行過檢查，但是，到了現場之後，還是需要對簡報的現場、簡報的設備等做出檢查，以防發生意外情況。

1.會場檢查

　　一般情況下，會場都是由聽簡報的人佈置，但簡報者也應該清楚，如果會場佈置不合理，受影響的只能是自己。所以，簡報者在到現場之後，發現其中佈置不合理的地方，一定要做出相應的調整。簡報者對會場的調整主要應該考慮以下幾個因素。

(1)會場桌椅的擺放位置

　　會場桌椅擺放的原則應該是一切以看清顯示器幕為中心。由於光線的發散作用，會場的佈置應該是越靠後排，坐的聽眾越多。也就是說，將會場的桌椅圍成扇形是最合適的了。

　　由於人的視力範圍是有限的，所以，會場的每一排桌椅與螢幕的距離都是有一定標準的。一般情況下，第一排與螢幕的距離不應該小於螢幕高度的兩倍，而最後一排也不應超過螢幕高度的六倍；第一排的寬度不應該超過螢幕寬度的四倍，最後一排也不應超過螢

幕寬度的八倍。佈置桌椅時，只有控制在這一距離之內，才能保證
每一個聽眾都能輕鬆地看清螢幕的內容。我們假設簡報螢幕的高度
為 R、寬度為 W，將圓弧線看成桌椅，則可以得出下面的圖形，如
圖 8-7-1 所示。

圖 8-7-1　合適的桌椅擺放區域示意圖

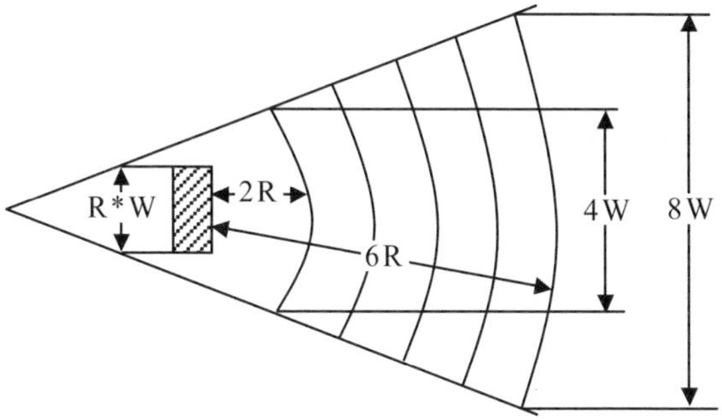

(2)顯示器幕的放置

簡報螢幕的放置應該以讓最後一排的聽眾看得清為原則。如果
螢幕過小，可以考慮將其放在講台或桌子上。

一般情況下，如果是投影銀幕都有專門的金屬支架。為了能夠
讓聽眾看清螢幕，最好將支架調到較高的位置，但只有為數不多的
幾個聽眾或者場地較小時例外。

(3)燈光的強弱

簡報現場燈光的強弱將直接影響螢幕顯示的清晰度。所以，簡
報者在開始簡報之前，一定要對現場燈光的亮度進行適當調整，以
使其滿足簡報的需要。同時，簡報者也應該注意，如果現場照明用
的是白熾燈，最好能夠將其更換，因為這種燈會嚴重影響簡報的效
果。

2.設備檢查

會場佈置的好壞可能會對簡報的效果產生一定的影響,但設備能否正常運轉卻是決定簡報成敗的關鍵因素。正因如此,簡報者到達簡報現場後,第一件事就是把設備連接並調試好。

(1)設備連接

簡報者一般是不需要親自連接設備的,但為了保證簡報過程中不出現意外,簡報者最好能夠參與或者關注設備連接工作,尤其是一些電源線的位置。因為在很多簡報中,就曾出現過簡報者因為不熟悉電源線的位置而將電源線弄斷的情況,這時,他就不得不手忙腳亂地重新安裝設備,啟動電腦。

(2)查看電源

電線連接完成,電腦已經啟動,並不意味著電源線已經連接正常了,因為,很可能是電腦自帶的電池在工作。以前就曾見過這樣一位簡報者,在簡報進行一半時,電腦發出了「嘟嘟」的報警聲,這時,他才發現原來自己一直在使用電腦電池而沒有接通外部電源。於是,他又趕緊透過他的助理重新把電源連接好,繼續他的簡報,整個簡報節奏都受到了一定的影響。

(3)調整投影儀

投影儀與投影銀幕是簡報者不可或缺的教具。正因如此,對於簡報者來說,將投影銀幕和投影儀安放到合適的位置也是簡報之前必須要做的功課。當然了,簡報者也可以讓自己的助理或者接受簡報方來做這項工作。

一般情況下,投影銀幕都會有一個比較固定的位置,即所有聽眾的正前方。而投影儀的擺放則要以投影效果最佳為原則。

⑷找一個合適的麥克風

對於一場簡報來說，麥克風是一個非常小的設備，已經小到可以忽略它了。然而，有時它卻可能極大地影響簡報的效果。

在簡報過程中，簡報者難免會與聽眾產生互動，而這時，如果用的是那種拖著長線的或者固定在桌子上的麥克風就很難適應簡報的需要了。因此，簡報者應儘量在簡報之前與接受簡報方聯繫，提前準備好無線麥克風或微型麥克風。

心得欄 --------------------------------

----

6 簡報文稿檢查

1.檢查文稿

電腦正常打開後,簡報者一定要先找到簡報文檔,然後將其打開,以檢查文稿是否完好。根據以往一些簡報者的經驗,現場簡報文稿可能出現的問題包括以下幾種。同時,簡報者也應該注意:如果自己的文檔保存在外接設備或電子郵箱中,一定要將文本拷貝到電腦上,否則,文本打不開或者拷貝速度慢等情況都有可能在簡報過程中發生。

2.應對策略

為了避免文稿在簡報過程中出現異常,簡報者應提前做好相應的準備工作,以免到時手忙腳亂。

心得欄 _

_ _

_ _

_ _

_ _

7 突發事件處理

簡報者儘管會做各種各樣的努力防止在簡報過程中出現突發事件，但很多意外事件還是會在簡報過程中出現，例如簡報過程中出現冷場、出現故意攪場的人等等。為此，簡報者需要對簡報中經常出現的突發事件做好應對預案，以備不時之需。

1. 有故意攪場的人

簡報者如果是一個經常參加集會或宣傳某種思想的人，那麼，遇到某些攪場的人也就不是什麼新鮮事了。一般情況下，攪場的人主要有以下幾種表現：在簡報中交頭接耳、亂竄座位、大聲喧嘩、隨意走動、喝倒彩、吹口哨、瞎起哄、亂鼓掌等等。

攪場產生的原因有很多，主要可以歸結為兩方面：

⑴簡報者自身水準的原因，由於簡報者學術、業務等水準有限或者簡報的內容、形式不合聽眾的胃口，聽眾覺得簡報者不配站在台上，因此，總是設法把簡報者從台上轟下來。

⑵簡報者與聽眾存在根本性的意見分歧，即聽眾裏有一部份是簡報者的反對派，因而，無論簡報者提出什麼意見，他們都會反對。

對於簡報者來說，應對攪場不能依靠他人的幫助，只能靠自己。簡報者如果借助外力或者與聽眾有利害關係的他人出面干預、壓制，都是不明智的，其產生的負面影響可能會更大。因為，這時

候聽眾的不滿雖然表面上是被壓制了，但簡報者所想要達到的「說服聽眾」的目標也無法實現了。

簡報者要想對這種攪場行為進行有效的控制，就必須能夠根據攪場行為出現的原因採取相應的措施。

攪場原因如果是第一種，簡報者最好能夠用一種比較謙虛謹慎的心態去面對聽眾。簡報者可以直接告訴聽眾，自己是來學習的，這樣，聽眾一般就不會刁難簡報者了。

攪場原因如果是第二種，簡報者最好能夠做到不理不睬。面對他人的挑釁，簡報者要是能泰然處之、氣定神閑地完成自己的簡報，那就是最大的勝利。如果簡報者真的生起氣來，中斷了簡報，那才是反對者最希望看到的。我們可以重溫一下林肯競選美國總統的故事，以資借鑑。

雖然人們常說「真理越辯越明」，但在很多時候，選擇氣定神閑地對待別人的挑釁，也是一種非常好的應對策略。

2.有冷場現象出現

冷場是指聽眾在簡報者演講過程中表現出的冷淡的反應。例如，當簡報者提出問題時，聽眾無人應答或者乾脆打瞌睡、看書報等等。

一般情況下，這種冷場現象的出現是由以下兩種原因造成的：一是簡報者的演講技巧匱乏，不能激發聽眾的興趣；二是聽眾對簡報者所講述的內容缺少興趣或者根本不關心。其實，對於簡報者來說，無論是那一種原因造成的冷場，都意味著簡報的失敗。

一個好的簡報者是在任何情況下都不應該出現冷場的。因此，簡報者面對冷場時，必須想辦法將其化解。簡報者可以採用的方法

包括以下三種。

(1)轉換話題

簡報者簡報的話題如果不是特別專業的，可以考慮在簡報過程中將原來準備的內容全部拋棄，然後根據自己對簡報內容的理解和聽眾的需要作即興演講。當然，如果簡報者即興演講的能力稍有不足，也可以考慮增加一些聽眾感興趣的內容，以達到激發聽眾興趣的目的。

(2)插入幽默

對於內容無法改變的簡報，簡報者可以臨時加入一些調侃、幽默、笑話或者一些能夠將聽眾逗笑的言辭以使聽眾情緒得以調整，等到聽眾注意力被這些幽默小段吸引住後，簡報者就可以將簡報內容切回到正題按照原來思路講下去了。就像某教授上課時所講的一段小幽默：「今天上課秩序不錯，就是有一點遺憾。如果後面打牌的同學，能像前面看小說的同學一樣安靜的話，那麼，中間睡覺的同學就不會受打擾了！」

(3)縮減內容

對於聽眾來說，很多簡報的內容本身就是多餘的，因而，無論簡報者簡報得如何生動，都不能引起聽眾的興趣，這時，簡報者就需要適當地縮減簡報的內容。因為，對於聽眾來說，簡報內容越精煉越好。

3.遭遇意外的情況

每個簡報者都希望自己的簡報能夠一帆風順地完成，然而，事與願違，常常還是會有很多意想不到的事情在簡報過程中發生，例如會場突然停電、麥克風發出刺耳的怪叫、場外風雨雷電交加等

等。當這些意外情況發生時，往往會引起現場秩序的波動或者聽眾情緒的浮躁。簡報者面對這種情況時，不能消極地迴避而應該實施有效的控制。只有這樣，才能迅速地穩住聽眾情緒，恢復現場秩序。

簡報者控制現場局勢一般可以透過以下兩種方法。

(1)主動適應

一般情況下，意外事故發生時，簡報者往往也是處於被動地位的，但簡報者應該清楚，聽眾也是處於被動地位的，這時候，誰能夠先從被動裏走出來，誰就掌握了主動。演講者不能被這些意外所左右，而要主動去適應它。例如，如果外面狂風大作、雷聲隆隆，簡報者就需要主動將音量提高，儘量避免聽眾為外界聲音所影響·

(2)巧借妙用

當意外事故發生時，簡報者可以利用笑話、幽默等凝聚聽眾的注意力，減弱意外事故對簡報的影響。下面以某企業做過的簡報為例進行說明。

簡報進行到快要到中午時，突然一陣雷聲傳來，當時，幾乎所有聽眾都把頭轉向了窗外。這時，簡報者笑呵呵地說道：「看來真的快要吃午飯了，看看這雷聲就是叫我們吃飯的，可是我們還有點兒內容，進行完怎麼樣，我可不想下午再佔用各位的時間！」大家當然也不想下午再被佔用時間，一致同意進行完再吃飯。於是，大家又把注意力轉移回了簡報上。

其實，對於簡報者來說，吃不吃飯並不重要，能夠把聽眾的注意力轉移回來才是最重要的，而這一則巧妙的說辭，正起到了這樣的作用。

第 九 章

進入簡報會議室

1 良好的開頭

　　做簡報你必須開門見山、早入主題,告訴聽眾這個簡報的意義所在,吸引他們的注意力。做到這一點可不容易,你得好好思考一下怎麼做。

　　馬上就要走進一間會議室,裏面坐的大部份人你都不認識,而他們在某種程度上掌控著你的未來。

　　理想的狀態是,這些人你都認識,至少跟他們見過面。而現實的情況可能是,你不認識他們,也沒見過他們。

　　理想的狀態是,你知道誰支持你,誰不支援你。而現實的情況可能是,你不知道。

　　理想的狀態是,他們全都認識你,至少聽說過你,他們來這裏

是因為他們確實想聽聽你要說些什麼。而現實的情況……呃,還是不說了。

對你來說,最重要的是:你只有一個機會留下第一印象。

簡報的開頭部份可能會使用套話。因為開頭部份通常都是致歡迎詞,簡單介紹自己,有時侯還會介紹陪同自己的同事。有的人做簡報時會四處走動,讓聽眾介紹自己。這些都根據你、你的產品和服務以及你面對的公司類型而定。如果你是對某個單獨的公司做簡報,他們之間可能本來就認識,如果再讓他們自我介紹,那就太浪費時間了。

簡報一開始,你要營造一種讓自己感到舒適自在的氣氛——如果可能的話,讓聽眾也感到舒適,這才是重要的。

有效克服緊張感的方法有:一做完介紹,我就會說說有關在銷售行業的背景以及經驗,我做成交易的次數以及我所面對的不同類型的公司等,我會跟他們講述我以前是如何進行銷售的,這些內容也是我即將和他們討論的內容。

這樣做有幾個好處。首先,我熱了身。這是簡報的一個部份,而我可以輕鬆自如地談論。其次,讓聽眾知道我的確是個專家,我是靠這個生活的。最後,為我想要討論的要點打好基礎:銷售流程的理論基礎,我如何對此理論進行發展以及如何將其付諸實踐。

有次為公司管理人員做寫作培訓,每次都是以同樣的方式做簡報。他告訴大家他是個作家,在這個課程中會給大家帶來專業的指導。他會提到他供稿的那些報刊和雜誌,然後給大家出示他寫的新書。接下來,他會說:「請大家繫好安全帶,或者

抓緊扶手，因為接下來要給大家看的東西太酷了。」然後，他抽出了剛才給大家看的那本書的中文譯本。這一招立馬湊效。所有的聽眾都笑了——也許都感到了一絲輕鬆。這個作家也輕鬆了，因為大家的笑聲說明他進展順利。同時，他在聽眾面前樹立了誠實可信的形象，他不是個什麼都不會幹才來教書的人，他具有令人驚歎的實際經驗。大多數人都沒有見過作家，更別提還有譯本的作家。而且，他在說這些的時候，還帶了點自嘲的感覺，不會讓人覺得他驕傲自大。

　　簡報的第二個部份，也就是在自我介紹和熱身部份之後，你要介紹將要討論的主題，以及它為什麼是可行的。作為銷售流程的一部份，你將收集到的信息加以證實，成為簡報的基礎。

心得欄 _____

- -

- -

- -

- -

2 站在聽眾的角度

你坐下來準備簡報的時候，應該想像自己在觀看這次簡報。也就是說，你要體會客戶的心態。銷售員有時侯會將重要內容忽略掉，因為這些內容對銷售員來說顯而易見，他們每天都會遇到。但是你覺得顯而易見的東西，你的客戶未必覺得熟悉。你應該常常設想聽眾中有人對某個問題不熟悉，這樣更為保險。

從客戶的角度看待簡報的另一個好處是它可以幫你發現簡報裏缺少的內容。如果你問自己，假設自己要買產品，還有什麼內容是自己想要弄明白的，然後你就會尋找簡報的漏洞。這樣的話，不等客戶提出來，你就能彌補這些漏洞了。

記住簡報有兩個部份。你當然知道自己想說什麼，而站在客戶的角度可以強迫你去思考他想聽什麼。

3 輕鬆講故事

雖然生活在發達的信息時代，有書、有電視、有衛星廣播。但從根本上來說，我們仍然喜歡講故事，自打石器時代，迄今為止，講故事的方式都是一樣的。祖父母告訴孫兒們他們的爸爸媽媽年輕時的故事；跟老朋友講自己的經歷，逗得他們哈哈大笑；講故事給我們的配偶或者搭檔聽，讓他們想起我們當初是怎麼相遇、約會的。

可能的話，用故事的形式亮出自己的觀點通常會更好。

你準備簡報的時候必須讓自己站在潛在客戶的角度，也就是說要考慮一下他們到底想聽什麼。除此之外，你還要從聽眾的組成情況來考慮。如果聽眾中大多數是女性，一般來說，這些跟體育相關的指代內容就不太合適了。

同樣，如果你面對的是年紀較大的聽眾，提起說唱歌手，例如 Jay-Z 或者 Eminem，可能他們聽不懂。要瞭解你的聽眾，想想他們中大多數人能明白或聽得懂的東西。

當然，你的每次簡報都有很多東西要思考——準備簡報只是你需要操心的一個部份。你走進會議室的時候，需要牢記以下事宜：

⑴直截了當進入正題！準備簡報最好的方法就是一開始把你想說的話用一句話總結出來。一旦你能總結概括自己的信息，製作簡報就會變得容易得多。

⑵任何簡報都由兩部份組成：你想要傳達的內容以及潛在客戶想聽的內容。準備簡報的時候要牢牢記住這一點，非常重要。不要只知道解釋為什麼你的產品好；還要對聽眾講為什麼你的產品對他們公司有好處。

⑶不要把你認為顯而易見的東西省略掉。你覺得顯而易見的東西，客戶未必覺得如此。

⑷講故事。把你的觀點用故事的形式表現出來，例如，別的公司如何使用你們公司產品的故事。

⑸準備簡報的時候，時刻牢記自己的目標：下一步要做什麼。你想要對方的承諾呢，還是再舉行一次會議，還是要他們的回饋意見，你的簡報應該朝著這個方向努力並以此結束。

心得欄 _____

_____

_____

_____

_____

4 注重著裝

　　穿著你準備正式演講時要穿的衣服進行排練。也許你會隨時走上、走下講台，所以不要穿太緊的褲子，以免邁不動步子。如果你最近體重陡增或驟減，那就要確保衣服不會鬆到像掛了片袋子，或是緊到看著就要漲裂，拉鏈蹦開的地步（對著上百人演講，出現這樣的狀況實在不是什麼愉快的經歷！）。對於女士們來說，不要戴那種叮噹作響的手鏈，否則你每按一下滑鼠，你的手鏈就會碰到滑鼠而發出聲響。由於各個行業都有自己的穿著標準，你可以向專業人士諮詢一下。不要自認為「商務便裝」就是卡其布或針織衫。你必須這樣問：「告訴我，我到底應該穿那一種衣服。」

　　當大家看著你的時候，你當然希望他們看著你的臉，所以衣服應該與你的臉型膚色相搭配。觀察一下自己的膚色，選擇一款色彩搭配和諧的衣服。舉例說，不要用淡藍色的褲子配黑色的上衣，你可以反過來穿，即黑色的褲子配淡藍色的上衣，這樣上身的淡色就能把觀眾的目光吸引到你的臉上去。

5 你的站立位置

1.站在螢幕旁邊

當你選擇站在螢幕旁邊時,你必須就簡報在螢幕上的要點或圖片進行解說。這樣做的好處在於大家的注意力都在螢幕簡報和你的解說上,而缺點是,你在解說時,可能總是面對著螢幕而不是觀眾。在說完每句話時,眼睛是看著螢幕還是觀眾是區分有經驗的報告人和新手的一個標誌。一個有經驗的報告人在每句話結束時眼睛總是看著觀眾而不是螢幕。

有經驗的報告人會時不時地強調螢幕上所顯示的內容,以使觀眾更容易地跟隨報告人的講解思路。作為報告人,不要對螢幕上的圖片視而不見。和觀眾一起觀察圖片,一起討論它的含義。當然,如果距觀眾較遠,就不要站在螢幕旁邊,因為在有上百人參加的報告會上,由於螢幕很大,觀眾人數眾多,你的手勢表情大多數人都看不見,起不到輔助說明的作用。

2.站在電腦旁邊

一些報告人為便於操作,喜歡將電腦放在自己面前,同時他還可以更清楚地看到觀眾的表情。這樣做雖然可以拉近與觀眾的距離,但是和站在螢幕旁一樣,報告人很容易對著電腦螢幕自言自語,而忽略觀眾。提示:在講解時,不要只盯著螢幕。

　　許多會場後面都有一個監視器（reference monitor），監視器
顯示的內容與前面螢幕的顯示內容完全一樣。有了這個監視器，報
告人在演說過程中，不需再轉身去看螢幕，便可以和觀眾一起觀
察，討論簡報的內容。通常，20 英尺的監視器便可以讓報告人看清
顯示的文字和圖片。

3. 坐在電腦一側

　　如果客戶要直接看你的電腦顯示，注意人數要控制在 3 人以
下。使用無線滑鼠，這樣你就不必正對顯示器坐，而讓客戶正面面
對顯示器。到達辦公室打開電腦後，注意確定電腦桌面上沒有具侵
犯性或個人隱私的文字、圖片，如題為「X 公司的內部信息」、「不
宜欣賞的圖片」的文件名，就不宜展現在客戶面前。

4. 使用無線滑鼠

　　我們認為每位報告人都應該準備一個無線滑鼠。為什麼？因為
有了無線滑鼠：⑴你可以隨意走動，不必局限於狹窄的活動範圍；
⑵你不必為操作鍵盤、切換幻燈片而打斷講話；⑶觀眾也不會因看
你來回操作鍵盤而分散注意力；⑷不需要找人專門幫你操作滑鼠或
鍵盤，而你得不時的告訴他「下一張」，這樣做無疑會破壞報告的
連貫性；⑸使用鍵盤操作，有時會影響動畫效果出現的速度；⑹不
使用無線滑鼠，會讓報告人顯得不夠專業。

　　買回的無線滑鼠，在正式使用前要練習一下。丹尼爾說，他選
購了一個無線滑鼠，回來後坐在家裏練習播放幻燈片。在報告開始
那天，他站在螢幕旁邊給大家簡報。報告中，他發現他的幻燈片總
是自動向前播放，他以為是自己的電腦出了問題。他後來發現，實
際上是自己的手指一直按在滑鼠的「前進」鍵上，而自己完全沒意

識到。如果在家裏練習時，他也像在正式報告會上那樣站在螢幕旁邊，也許就會發現自己總在無意識地撥弄「前進」鍵，繼而在講話時注意這一點。

許多無線滑鼠都有內置的鐳射指示器。這樣雖然很方便，但使用前必須要試驗一下。有些鐳射指示器的鐳射指示點非常小，在螢幕上顯示不清，不便操作。

一對一的簡報報告如果只有一個客戶來聽你的報告，不要因此而掉以輕心，認為這樣的報告不重要，可以即興發揮。準備時，就當有 30 位客戶要來聽你的報告。正式報告開始時，使用交流電，不要用電池，因為你無法預料電池什麼時候會用完。一對一的簡報報告也要採取幻燈簡報模式，儘量減少文字，用圖表來說明問題。報告結束時，按「b」鍵快速清屏，這樣做是向客戶表明你願意與他面對面地討論，交流。

心得欄

6 肢體語言

　　在做簡報做到一半的時候，突然發現對面的 3 位女士將雙臂交叉在胸前。不用說太多複雜的心理學知識，如果你在說話的時候發現別人將雙臂交叉在胸前，通常來說這不是什麼好事，說明他們將自己封閉起來，對你說的話不感興趣。或者，這說明他們坐的地方正對著冷氣機的風道，他們覺得很冷。由此我們得知，判斷非語言行為，並對其做出回應的時候，一定要謹慎，這些非語言行為有時候具有欺騙性。

　　例如，如果有人閉著眼睛捏鼻樑，一般來說表明這個人在深思，可能在思考你的簡報。一般的做法是停一下，聽聽他要說什麼，從而找出他們有什麼異議和質疑的地方。但是，如果他其實只是在想，應不應該打斷你的簡報去吃點阿斯匹林呢，因為他的頭實在疼得厲害，那該怎麼辦？

　　還有一個動作，某人用食指摩擦耳朵或耳後。即使這個動作做得很細微，它也象徵著懷疑態度，就好像在說：「我不知道是否能同意你的說法。」但也可能只是因為這個人耳朵癢。

　　對肢體語言的理解自然會導致你對此做出什麼樣的回應，而如何做回應要根據聽眾人數的多少，有時候你是無法回應的。

　　如果你面對的是一大群人，有人表現出不贊成的態度，那沒什

麼，也許是無意識的，不一定是故意的。大多數情況下，他們沒打算那麼做，但如果在簡報的過程中交叉雙臂——當著簡報者的面——那實在是無異於在別人做簡報的時候去夜總會聊天。

見過一些專業的、著名的、聲望很高的歌手，遇到這種情況也會感到緊張不安。即使是擅長應付責難者的滑稽演員，有時也無法保持冷靜。那麼對於你來說，一個沒在娛樂圈待過的人，該怎麼做呢？正因為你對應付責難者沒什麼經驗，你很可能對理解肢體語言也是經驗甚少。因此，你可能做錯了。

人們一般會很自然地跟這位態度不好的人進行交流。可你該怎麼做呢？難道打斷自己的簡報，然後說：「對不起，先生，您好像對我說的話不贊同，有什麼我能做的嗎？」當然不能那麼做了。

如果可能的話，要根據會議室的格局，站在這個人的旁邊或者附近，我發現這樣做有時候能讓這個人不再那麼消極，甚至還能讓他參與到簡報的其他部份中來？

如果你時不時地停下來問問他們有沒有什麼問題，你可以站在那個你認為態度消極的人面前。但前提是，你必須知道他為什麼反對你——而且你對他的異議有很好的回應。

在大多數情況下，面對的聽眾人數眾多時，最好的方法就是儘量不要理會責難者，繼續將簡報進行下去，希望能說服其他的聽眾。但如果你面對的聽眾人數不多，例如，3～4個人，你就別這麼做。在那種情況下，你應該跟他們多交流。以下是一些肢體語言所代表的意思，以及如何最好地對其做出回應。請記住，這些信息和姿態在簡報之前的那些會議中也會出現，而不是僅僅出現在簡報過程中的。你做出的回應也應該是一樣的。

1. 你的肢體語言是什麼

你忙著觀察聽眾的肢體語言的時候，潛在客戶也在看你。他們不是有意要看你的動作，從而推測這個動作代表的意義。但是如果你在做簡報的時候交叉雙臂，他們會明白是什麼意思。至於那些不知道是什麼意思的動作，他們也能感覺得到。

最簡單的方法就是刻意保持開放的姿態。另外一個也很簡單的方法是，保持積極的態度在房間裏走動。你必須告訴自己，除了簡報，一切都結束了——合約已經到手了，不會再出什麼錯了。如果你堅信這一點，就會反映在你的肢體語言上。

⑴不要只注意別人說什麼，他們沒說出來的也很重要，通常他們會用肢體語言表現出來。

⑵你必須注意別人的肢體語言，但只能將其作為一種參考，除非你是受過訓練的心理學家，否則你可能會誤會別人的肢體語言。

⑶不要讓不中聽的話語弄得你忙亂緊張，同樣的，也不要讓消極的肢體語言弄得你驚慌失措。你可以對簡報進行修改，將意外情況考慮在內，但不要讓意外情況對你造成沉重的打擊。

⑷你同樣也在發送肢體信號，要確保自己總是保持積極的姿態。

⑸眼睛如珠：很明顯地表明此人嚴肅認真，完全投入在工作中。如果可能的話，不要中斷與他的目光接觸，這樣做表現出你對手頭的事也非常認真。如果是一對一的會面，這麼做會容易一些。當然，你不能因為要跟睜圓眼珠的女士保持目光接觸而忽略了其他人，只要保持經常進行目光接觸就可以了。

避免直接的目光接觸：此人想要躲避目前的形勢或問題。還記

得你上學的時候，如果不知道怎麼回答老師提出的問題，你會怎麼做呢？你是不是認為低著頭，老師就不會叫你了，這裏也一樣。這個人將你完全隔離在外。向他提問，看看是不是出了什麼問題，或者更糟的是，是不是在討論中有什麼謊言？記住，得到錯誤的信息或回饋和沒得到任何信息一樣糟糕，有時甚至更糟。

強烈的目光接觸：此人完全沉浸在了你的簡報之中。牢牢地抓住他的興趣，讓他更為投入。

眼珠左右轉動：通常表示真誠和直率。表明這個人正在思考如何對你目前討論的東西做出回應或陳述。

嘴唇緊繃：表明此人正面臨著某種內心的不安。這可能會干擾到你，因為很明顯有矛盾需要解決。根據情況，試著讓他冷靜下來以緩解形勢。

2.手部姿勢

雙手向上攤開：跟舔嘴唇是相反的意思。這個動作表明此人沒有什麼好隱藏的，他誠實、真誠，通常可以信任。

摸鼻子：很明顯，這個人不誠實。這個動作可能很細微，而且常常會伴有其他動作，例如在椅子上晃來晃去，或者身體向後縮。你應該問他問題，弄清楚發生了什麼事，以免被他帶入歧途。對於這個摸鼻子的人向你提供的信息，你一定要進行核實。

雙手成尖塔狀：如果某人將指尖並在一起成尖塔狀，說明他對自己以及自己所說的話很有把握——到了驕傲自大，甚至自負的地步。他愛怎麼做就讓他怎麼做吧，不到萬不得已，不要跟他對著幹。

手指放在臉頰：此人正在琢磨剛才說過的話或解釋過的內容。他可能會解決某個問題，問他問題或者看他有什麼反應，或聽他要

說什麼。

握拳：這是反對、混亂或者生氣的表示。你心裏要知道，你說的話引起了他的反對。

手放在脖子後面：做這個動作的人感覺自己此時此刻在知識上，或者地位上高人一等。這個動作是在放鬆狀態下表現出來的咄咄逼人的感覺，經常發生在男性身上。有些人認為，你應該維護或者表現出自己的權威，從而緩和他的這種態度。但這麼做的前提是你的確有權威。如果你是賣東西的，而這個人就是最後要在合約上簽字的人，跟他叫勁只會讓他更加咄咄逼人，更加對你不滿。

揉眼睛：這個動作通常表示懷疑。你完全可以向他提問，來弄清他反對你的原因。在這種情況下，你可以這麼問：「有問題嗎？我覺得你好像有點猶豫。」

甩手：這也是潛在客戶不接受你的觀點的表現。同樣的，可以向他提問看看有什麼問題。

3.臀部、腿部和腳部姿態

手臂或雙腿交叉：這個動作表示此人處於防禦狀態，同樣的，你可以問他：「有什麼問題嗎？我感覺你好像不同意我的觀點。」或者「你不同意嗎？」遇到這種情況，你不要掉以輕心。如果沒什麼問題，那就沒事。但如果他的確感到不滿意，你就需要改變他的想法，並防止進一步惡化。

雙腿叉開：這個姿勢表示開放和接納。這種肯定的態度表明，你應該照原來的方式繼續進行下去。

雙膝併攏，腳踝交叉：此人可能想隱藏某一具體信息或者可能對你說的話持反對意見。注意這裏的關鍵詞是「可能」。看看是不

是還有其他的表示反對的跡象，如果有的話，你就需要緩和這種形勢，或者額外再問些問題。

　　向後靠在椅子上：這個姿勢一般是對某件事表示反對時所產生的反應。這個人很猶豫，不想買你的產品。問他幾個問題，弄清楚他到底為什麼反對你，看看有沒有什麼辦法能改變他的看法。

　　雙腿絞在一起：此人目前感到不舒服。如果是因為你剛才問的問題導致的，那就把同樣的問題換個說法再問。如果是某句話導致的，就重新措辭，看看這個人是不是還感到緊張不安。

　　所有這些非語言的信息要與大量常識相權衡。如果某人表現出不滿的姿態，你就要不假思索地做出反應嗎？那可不一定。

　　你的反應取決於很多因素。如果你覺得其他人都能理解你，明白你的意思，那就沒必要非要把這個持反對意見的人挑出來。但如果是一對一的簡報，你就一定要想辦法消除他的反感。

心得欄

7　適度的善用幽默

在關於幽默裏，你將會注意到：「要非常謹慎地使用幽默」。只有在可以幫助你闡明觀點，或者形勢需要時你才這樣說，或作為個人，你需要這樣來表達信息時才使用幽默。

因此，透過使用驚訝、幽默衝擊線，闡述平常的事情可以從可預測變成完全不可預測。因此這種衝擊線不僅僅會讓聽眾開懷一笑，而且還會幫助他們記住我們的觀點。

聽到聽眾聽到有趣的演說而哈哈大笑時，自我感覺還挺好。幽默其實只不過是對簡報者緊張情緒的一種掩蓋，暗示著請求聽眾對我友善些的意思。聽眾需要得到的仍是簡報中的嚴肅內容，而且我也不需要拿說些笑話做拐杖來支撐自己的簡報。

當幽默能幫你說明問題時，它的作用是巨大的。說與簡報無關的笑話或者開玩笑不會幫助簡報成功。應該做的是讓它充滿人性化，讓聽眾一起分享、感受你個人的經歷帶來的啟示。讓聽眾知道你曾經碰到與此相類似的情況，而你又是如何克服它們的。確保聽眾感到你會遵照你所建議的內容，展示你的經歷以支持你的論點。

你可以運用像展覽一樣的方式來使用幽默，可以比單獨使用文字更快地表達出你的意思。如果運用場合適宜，幽默會起到很大作用。對幽默應該在那種情況下使用，這裏已經說得很清楚了。讓我

們設想一下：如果你對一個剛失去大塊市場的公司作簡報時使用幽默，那可就不是時候啦。

如果幽默是自發產生，幽默就會起很大作用。曾有人問這樣一個問題：「簡報者必須重覆說出聽眾問他的問題嗎？」

簡報者正在思考的過程中，正考慮該如何回答時，無意識地輕聲說道：「簡報者……必須……重覆……說出被問及的……問題嗎？」

於是回答道：「不，通常不要作重覆。」這時，聽眾哄堂大笑。

只有你對幽默感到輕鬆自然時，才會產生作用。只在幽默輕鬆自然時才運用它。

永遠不要使用幽默來攻擊聽眾中的某個人。曾經有這樣的簡報，簡報者拼命地挖苦和冷嘲熱諷聽眾中的某些人，聽眾恨不得鑽到桌子下面去躲起來。某些演講者認為將聽眾中的某些人當靶子取笑，體現他的「幽默」，這樣可以顯得他有陽剛之氣。這是非常欠妥的。聽眾的自我保護意識是很強的，你用幽默攻擊聽眾中的某一成員，會造成其他聽眾都主動躲避講話者的目光，以避免成為下一個被他「幽默」的目標。

確保你解釋的問題能快速清楚地給人留下深刻印象。運用幽默不要不知所云、無的放矢。它必須同你在簡報中闡述的問題有關。（順便提一下，如果使用卡通畫，文字說明一定要簡潔，即使是從最後一排觀眾看來，其字體都是粗大、易於辨認的。將說明放在卡通畫的上部或頂部，增加觀眾看到它的可能性）。

在你說過第一個笑話或者使用第一幅卡通後，如果你沒有得到期望的效果，就不要繼續再使用幽默了。

　　最為重要的一點是：如果你對運用幽默感到疑慮或者感到不舒服，不自然，就不要用。

簡報最基本的大綱

一、開場白──介紹主題

1. 目標：培養一致的看法和態度
2. 如何進行：
① 以個人身份發言
② 直接
③ 坦誠
④ 簡短

二、正文

1. 目標：提出支持簡報論點的資料
2. 如何進行：
① 按邏輯順序
② 列舉事實
a. 例子
b. 個人經驗
c. 故事與奇聞軼事
d. 引用權威消息來源

三、結尾——傳達主題

1. 目標：摘要並強調重點

2. 如何進行：

① 簡短

② 與必要行動相關的資訊

四、敘述性演講結構

1. 開場白

2. 簡介

3. 主體

4. 結論

5. 結尾語

心得欄 _____

_____

_____

_____

_____

第 十 章

進 行 簡 報

1 事先要安置設備

　　聽眾傾聽你的簡報時，他們欣賞你的信心、信念和熱情，這些特點能夠使聽眾集中精力接受你傳遞的信息，伴隨著你講述的情節和展示的直觀教具而參與其中積極思考。儘量使每位聽眾盡可能多地理解你簡報的內容。

　　應該提前 40 分鐘到達簡報地點並進入角色。這是真的，一點小錯誤都會逐漸暗中破壞、削弱、侵蝕你已經努力建立起來的自信。當你使用的媒體較為先進時，更應該提前到場。下面的問題僅僅是可能在簡報時出現的錯誤的一小部份，就像冰山的一角，看看面對這些情況應該如何應對。

1.設施要適合你

⑴問題:燈光開關控制面板需要火箭專家才能操作⋯⋯如果你第一眼能看到它裝在什麼地方。溫度控制得怎麼樣?而窗簾安排的合適嗎?

要確保知道燈光開關控制面板在什麼地方,試試開關,從而可以決定那一盞燈應該開著,那一盞燈應該關掉,而且是不是有些燈需要暗一些。要確定照著螢幕的燈光可以關掉。

要過問是誰管理控制室內溫度,如何做到使房間內溫度很適宜。

要摸摸窗簾,檢查窗簾是否可以確保擋住外面的陽光,不會射到螢幕因而沖淡螢幕上的圖像;同時要避免室外環境干擾觀眾注意力的事情發生。

⑵問題:房間內的桌子排放往往隨意,不合理。

將排列的 U 型桌子改變成 V 形,這種安排使房間內前面的空間更開闊。

將桌子排在中央過道的兩旁使其成為魚骨形。

確保中央過道足夠寬,這樣,人走過時,腦袋就不會擋住投影儀的光線。

將多餘的椅子挪開,以免分散聽眾的注意力。

⑶問題:麥克風經常是固定在講桌上,限制了你的行動自由。在你走向螢幕要指出圖表重要部份的時候,會感到特別不便。

因此,需要使用頸掛式話筒、安放在衣領上的微型麥克風,以及一個無線話筒,這樣一來,就不會被講桌束縛手腳了。儘量少使用講桌,它在簡報者和聽眾之間製造了一個生理和心理上的隔閡。

　　當需要在講桌上做筆記時，要確保是站在講桌邊上，這樣聽眾就可以看到簡報者的整體，而不僅僅是簡報者的頭(如果你使用無線麥克風，特別要注意：當不對聽眾講話時，以及你去衛生間時，你可要確認它已經被關掉)。

2.投影儀要適合你

　　(1)問題：高架投影儀總是安設在會議桌上，這樣坐在後面的聽眾要想看到螢幕就只得憑雜技技巧了。而且，投影儀吸引了聽眾的眼球，就不再去看演講者了。

　　可以從執行總裁的屋裏或者接待區裏，搬來一張雞尾酒桌，或者使用一張鋼琴凳。甚至可以將一個垃圾桶倒過來使用。可以使用一把椅子，以及任何 18 英寸高的東西，這些都可以用於放置投影儀。這樣，投影儀就會低於聽眾的視線，不再阻擋簡報了。

　　(2)問題：沒有兩部投影儀是完全一樣的。沒有兩部投影儀的開關放在同一個位置，不會有兩部投影儀的光亮度完全相同。沒有兩部手提電腦使用完全相同的軟體，也沒有兩部鐳射液晶投影儀佈線完全相同。沒有兩個遙控器能控制一樣的電器。

　　要確認投影儀上的所有開關，手提電腦上的所有插口，所有遙控功能都被試過且確定是正常的。我要確保電線讓開通道，不在過道上阻擋通行，或者最起碼要用帶子紮好。

　　(3)問題：保證在最重要的簡報中，當你面對最重要的聽眾時，在最關鍵的時刻，電燈會燒掉。

　　有多少人會想到帶一個備用燈泡？有多少人會懂得換備用電燈泡？你認為所有的投影儀都有備用燈泡？……對不起，你想錯了！

檢查確認投影儀有備用燈泡。要找出換燈泡的開關在那裏，而且要檢查備用燈泡是否正常。多花些錢在房間裏安放一個備用投影儀，測試它並確定它能工作。相對於服務於聽眾這個重要目的，這些準備工作的代價不足掛齒。

⑷問題：所有的投影儀長期得不到清潔維護。要用濕布清潔一下鏡片、鏡頭、投影平台。

3.螢幕要適合你

如果你不認真考慮就在房間內隨便掛上一塊幕布，那麼你用的幕布不是太大就是太小。放映字的幕布外表會有 4 種情況出現：粗糙的表面、透鏡似的整體外形、有許多珠狀泡沫樣或者薄得半透明。

如果聽眾人數達到 50 人以上，一般會採用 8 英尺×6 英尺的幕布——即使聽眾人數超過 50 也足夠了，除非是背投式的螢幕，否則堅持用不光滑的螢幕。不錯，透鏡似的和珠狀的螢幕會有較亮的影像，但是它們只適合坐在螢幕正前方的觀眾。對於房間兩側的人來說，坐得越偏，圖像看起來就越灰暗。在一個不光滑螢幕上，不管你坐在那裏，圖像光線強度看起來都是一樣。

將螢幕設在房間內較寬的一端，避免聽眾感到受限制。

將螢幕安放在房間的一角，以防止柱子擋住聽眾視線。

讓螢幕上方前傾，以免當投影儀從較低的桌子上投射時造成螢幕上的圖像變形(稱作拱頂石狀失真)。

任何情況下，我都把螢幕掛得儘量高些，盡可能向天花板靠近，這樣，後面的聽眾就不會被前面的人擋住視線。

不要委派他人控制投影儀。

儘量提早進入房間。

避免其他無關目標的干擾。

自己進行內容切換。

(1)站在螢幕旁邊

不管你的投影設備是什麼設備，站在何處進行簡報都是需要事先考慮的。

在整個簡報過程中都站在講桌後，那會使得你看起來不如螢幕上放映的直觀教具內容重要，如果站在聽眾和螢幕之間，那又會阻擋聽眾的視線，站在房間的一角也同樣會阻擋部份聽眾的視線，同時也會使你分神。

最好你站在螢幕旁邊：使身體與螢幕成 30 度角，這樣你可以與觀眾保持用目光對視溝通。用靠近螢幕的手指向螢幕上你要提醒觀眾注意的內容。用手指著，這一形體語言動作可以讓觀眾明白他們應該看那裏，而且這種姿勢可以允許你的身體做些動作，並能使你身體得到放鬆。

是的，但是當你手指向螢幕尋找相關內容的時候，投影儀發出的光束會照到你的臉上和身體上，那怎麼辦？在你指著螢幕的這幾秒鐘就讓它照著好了。當你腳步退回來解釋螢幕上內容的意義時，再向後站一站以躲過投影儀的光束。

有時，你不可避免地只能站在講桌後面——例如，當你必須查找你預先準備的手稿時。可是，一定不要忘了，講桌會造成你與觀眾之間身體和心理上的隔閡，所以只要能避免站在講桌後面，那還是儘量避免。

如果實在不能避免，那至少在你做介紹時和簡報結束時，打開室內的燈，人與講桌並排站立。當你要展示螢幕上的內容時，再站

到講桌的後面,這時觀眾已不再注意你,而是去關注螢幕上的圖像了。

要想在簡報過程中自由移動身體,就需要扔掉有線麥克風,採用無線麥克風或者領夾式麥克風等設備。

(2)在必須的情況下才使用教鞭

你的手上已經有了足夠多的會給你造成累贅的東西,包括筆記本、遙控器、麥克風夾以及鋼筆等,不需要再添加其他的東西了。

對於大多數演講者來說,教鞭已經成為一種武器。他們用它廻避觀眾或是用它不時地敲打著可憐的螢幕,再不就是用它拍打無辜的桌子。最壞的一種教鞭是可折疊的,被簡報者一會兒打開一會兒折上,讓人心神不定。

因此最好是不借助於教鞭,你親自去做你計劃做的事情,用你的胳膊和手來直接指向螢幕。

但是如果夠不到要指的地方怎麼辦?如果你非得要用教鞭,你當然可以使用它,但是只在你必須的時候:在指向你不用教鞭就夠不到的東西時。如果不是這樣,就放下不用它。特別是,更不要使用那種帶鐳射光束的教鞭。這種教鞭,要想能夠有效使用它,要求使用者必須要像籃球運動員在中場投籃那樣的準確,而且光的移動也會分散人的注意力。

對於在螢幕上簡報,你當然可以使用滑鼠來移動軟體設計的教鞭。即使這樣,也要盡可能縮短教鞭在螢幕上跨越的距離。這種擺動也能分散注意力。

對於捲展式直觀教具來說,在偶爾的情況下,可以將直觀簡報整個展示出來,並用教鞭指出來給所有的觀眾來查看。在其他的情

況下，必須要用教鞭精確指出你正在講述的內容，在直觀簡報中也需要這樣做。

　　為進一步提高你的簡報技巧，請教專家是一個很好的辦法。他可以為你提供敏銳的、具有建設性的建議，教你在觀眾面前如何簡報。如果可能，可以使用錄影手段，這樣你就可以從聽眾的角度來看看你的簡報情況。

2 要充滿信心

　　深入研究優秀的簡報者，會發現為什麼他們總是能夠從大眾中脫穎而出，一言以蔽之，充滿自信心。他們總是信心十足，因為他們能夠適應簡報中出現的任何情況，他們的信心來自於對簡報技能的全面掌握。信心的標誌是否達到目標是評價任何簡報成功與否的最準確的唯一標準。

　　優秀的簡報者對他們的簡報目標應該相當的明確。不僅知道為什麼要進行簡報，談話要達到什麼結果，而且對觀眾的反應及實現他們定下的簡報目標要有十分的把握。

　　他們應該已經做完了前期的準備工作，對有關聽眾的一切，都必須有詳盡的瞭解。他們知道在對誰講話，在聽眾提出疑問之前，能夠從聽眾的眼神裏瞭解聽眾中的疑問。這不僅要做到更多地瞭解聽眾，而且要做到瞭解聽眾中的每一個單獨的人。

對於所簡報的素材，他們應非常熟悉，不會因為一個細枝末節問題的出現打亂了簡報的過程而引起恐慌。他們似乎在任何時候都能提供事實來回答聽眾的疑問。

最後，他們看起來對他們自己的身體、姿勢、聲音、所使用的設備、直觀教具、幽默感、聽眾提的問題以及自我感覺，都非常自信。對於一個問題，如果他們還沒有答案，則應毫不諱言。甚至出了錯誤時，他們也會坦然承認而使它看起來極為自然。

如果你自己對簡報沒有信心，就不要指望你的聽眾對你有信心。對你向聽眾講的事情，首先你自己要相信。如果連你自己都不相信你說的話，就不要指望你的聽眾會相信。

也許有人會問道：「可是，如果你的經理命令你做一個簡報，而你又不贊同自己所簡報的建議，那又該如何是好？」

「那你就不要去做。」

如果你自己不相信你簡報的內容，聽眾一定會感覺出來，就會對你提出的建議感到懷疑。最好是與你的經理進行一番討論並說出你的真實想法。如果你能找到一個同事，他不僅相信這一簡報內容，而且能令人信服地表述這些內容，讓他替代你去做簡報比較妥當。如果這些都無法做到，那麼你最好堅持不要做這樣的簡報。

簡單來說，如果你不確信你對觀眾做出的建議是正確的，認為你自己也不會按照你的建議那樣去做，那麼就不要指望你的聽眾會聽從你的建議！

3 要滿懷熱誠

做簡報時，你付出多少，就會得到多少。在你演講的過程中，如果你的簡報讓人感到很厭煩，聽眾就會厭煩你。如果你滿腔熱情的做簡報，那麼你的聽眾就會熱情回應，你也會因為你的聽眾接受你的建議而感到愉快。

一次簡報中，簡報者的聲音很低很低，語言沒有任何感染力。我當時同其他聽眾一樣，坐在椅子前邊沿上，身體前傾儘量努力聽，恐怕漏過一個字。為什麼？因為他講的內容對我來說極其重要，況且這個簡報者大名鼎鼎，一向因為他的淵博知識和超人智慧而受人尊重。

這些簡報者，能夠受到聽眾如此程度的信任嗎？不能。所以簡報時一定要滿懷熱誠，活力十足。

信心、確信、熱誠，這三者結合使用，才能使你在聽眾面前的專業形象更加完美。包括：怎樣排練，怎樣安放架設設施、設備，怎樣運用各種簡報技巧，怎樣使用直觀教具，如何回答聽眾的疑問，使用幽默以及重視沉默的價值。

4 圖表要生動醒目

　　拙劣的圖表不僅會引起觀眾的反感，更重要的是，大家不願再聽你的講解了。看上去大家似乎聽得還很認真，其實都是「徐庶進曹營——心不在焉。」很多人在聽報告時都是如此。如果你不希望發生這種情況，就要在圖表設計上下功夫。報告人常常為紛繁、絢麗和帶有奇特音響效果的幻燈簡報而沾沾自喜，尤其是當他們為這些花費了大量時間時更是得意萬分，急不可待的要向大家展示自己的勞動成果。當然，從一定程度上說，這樣做也無可厚非，但是你要記住，不論有沒有製作精美的簡報幻燈片，最終都需要以你的灼見為主。要與觀眾交流，觀眾才是第一位的。你的注意力和熱情都應集中在他們身上。讀過本書，你就會發現，其實觀眾不喜歡簡報中的各種奇特的聲音效果。他們不喜歡看到文本和圖像從四面八方飛來飛去。我想你自己也不願意看到觀眾由於關注於紛繁的幻燈片而忽略了你的存在。

1.不要選用過於前衛、離奇的範本

　　設想，由於你對以往用過的範本已經感到厭倦，於是在為了說服管理層對某項目增加 5 萬美元投資的報告中，選用了紫色背景帶圓圈圖案的範本。主管們不明白，增加投資的申請和他們眼前這個的怪異範本有什麼聯繫。在他們眼裏，你的資金申請和紫色範本十

萬分的不協調。即使他們對紫色範本沒有明顯的反感和抵觸，但事實上，他們已經開始猶豫是否該同意你的撥款申請。

2.有時最簡單的範本可能就是最好的範本

選擇一個既吸引觀眾又切合報告主題的範本。想一想你的觀眾偏愛那種類型的範本設計。有時候，你其實不需要修改你的報告內容，而只是換個簡報範本就可以解決問題了。

3.不要過於醉心於絢麗的圖表和特殊效果，以至於忽略了報告的實質內容

應用了最新的技術、花錢請人在簡報報告中加入了錄影短片、使用了漂亮的箭頭符號，你的幻燈簡報看起來就像是一件藝術品！相信不會有人對你的報告感到厭倦，他們將時刻準備著欣賞你的佳作。現在，唯一的問題是，觀眾完全被各種各樣的特殊效果吸引住了，忘記了報告主題是什麼。他們離開會場時還對幻燈簡報意猶未盡，「太令人激動了！我也要買一個那樣的圖表設計軟體。」觀眾不僅忘記了你的報告主題，同時也忘記了你本人的存在。觀眾似乎不知道這次報告還有一位主講人。他們會記住看到的圖表，而對你不會留下任何印象。

4.報告的中心任務是傳達信息，而不是簡報幻燈片

時刻提醒你自己，幻燈片的製作始終要圍繞你的中心議題。至少要保證在報告的開始和結束時，你本人是大家關注的焦點，這時最好把燈打開，把螢幕關上，以便將觀眾的注意力集中在你身上。

5.不要將表格、圖片和照片等資料隨意地堆砌在一起

無論你的幻燈片有多絢麗奪目，沒有有序的組織、合理的結構，它們就都毫無意義。如果你的資料只是你憑感覺隨意堆放在一起，你的數據也只是簡單地羅列在一起而毫無邏輯可言，觀眾會由於不得要領而感到掃興。有些觀眾乾脆放棄了，對你的報告視而不見、充耳不聞。面對眾多雜亂無章的信息堆砌，我想誰也不願意費心去研究你到底要表達什麼。

6.合理組織數據

任何形式的交流，都需要一定的組織結構才能有效傳達信息。在我們的觀察中，有超過 3/4 的報告沒有嚴密的組織框架，更多的報告思路並不是根據觀眾的需要而是出於報告人自己的需要。

心得欄 _____

_____

_____

_____

_____

5　為你的觀眾著想

1. 按時開始簡報

在預定開始時間的 30 秒內開始你的報告，因為觀眾都不喜歡等待。讓觀眾立刻進入狀態，可以開門見山，直接提出觀點，闡發感想或者敍述事實情況。如果可能，還可以向觀眾提問，讓他們來決定你後面 3 個小時的報告議程。切記，按時開始你的報告會令你充滿自信。

2. 勿過多地介紹自己和你報告的內容框架

首先，報告人總喜歡喋喋不休地介紹自己和自己的公司，使用大多數觀眾都不明白的簡稱術語，結果使觀眾很快就對報告失去了興趣，不願再往下聽，他們往往也很快忘記了你剛剛講過的話。其次，詳細地敍述報告框架或議程容易讓人感到厭煩，尤其當你使用諸如此類的句式：「一會我將向大家展示……」或者「我在後面將對此進行詳細闡述。」這些話不能激起觀眾的好奇心和求知慾。

3. 不要僅僅只是朗讀幻燈片上的文字內容

逐字讀出幻燈片上的內容，而不添加任何其他解釋，讓觀眾覺得整個簡報報告似乎是在向大家傳達中央文件。報告人好像在和快速切換的幻燈片賽跑，口若懸河，滔滔不絕，不肯給觀眾一點消化整理的時間。當報告人發現觀眾一個個都興味索然時，自己也會感

到很失望。

4.除朗讀信息外需要做的事

用幻燈片向觀眾簡報關鍵字句，然後面向觀眾，用你的聲音和熱情將螢幕上信息具體解釋給你的觀眾。要讓觀眾專注於你的報告，你的講話中就必須包含幻燈片上所沒有的重要信息。如果你不能做到這一點，那你還不如把幻燈片直接列印給觀眾，免得他們還要耐著性子聽你逐字逐句地朗讀。

5.要隨機應變

報告內容往往需要不斷地調整修改。有兩個培訓師準備對一虧損企業的員工進行兩天的培訓。當他們到達企業後卻被告知只有一天時間。其中一人建議簡略地闡述所有要點；另一人則認為應該利用這一天的時間詳細講解重點內容！很多報告人都會犯類似的錯誤，他們不能根據時間的變動和觀眾的需要來調整報告的長度和內容。從理論上說，電子簡報報告可以隨時隨地進行「客戶化」的調整，即使在最後一分鐘也來得及。遺憾的是，報告人大多時候都不太情願打亂自己的原定方案。

6.報告必須具有針對性

面對執行委員的發言肯定不同於你和同事的談話。每位觀眾對信息的類別和細節程度的要求都不一樣，所以事先要調查清楚你的觀眾想要知道些什麼，想瞭解到什麼程度。

將用戶公司的名稱或標誌簡報在螢幕上，這表明你把用戶當成是報告內容的一部份。報告過程中可以抽些時間來瞭解觀眾的專業特長和興趣所在。將要問的問題簡報在螢幕上以免忘記，尤其當你事先並不瞭解觀眾時，這麼做更有必要，從中你可以知道是誰在聽

你的報告。

7. 不要討論你感興趣的話題，而是考慮觀眾所關心的問題

一個技術專家小組應邀給某公司高層管理人員做一次報告。專家們收集了大量自認為十分重要的數據和材料，向主管們詳述了有關技術上的種種細節。不要說主管們沒有時間聽他們的長篇細論，更讓主管們苦惱的是，由於抓不住報告主旨，他們在聽完報告後還是不能決定到底應不應該投資。其實，在這種情況下，專家們至少應該準備兩份報告，一份針對公司的主管，一份針對公司的技術人員。

8. 一定要清楚你的觀眾想瞭解那方面信息

在上面的例子中，主管們想知道該項技術是否能降低生產成本、能否保持生產線的正常運轉等問題。你可以向身邊有這方面經驗的人請教，強行刪除那些無關緊要的技術細節。

9. 相信提問的人是真正對報告感興趣的人

提問的往往是最敏感、最認真的觀眾。記住，即使有人對你的觀點提出質疑，他對你的報告還是認可的。有些公司的員工認為他們有義務懷疑每個細節。例如，有一個生物醫學公司的博士在聽取一位同事的研究報告時，當場提出了很多細節問題以確定該項研究是否符合某些程序，結論推導是否符合邏輯。公司的博士們認為他們有責任確保研究的各項指數都要達到公司的高標準、高要求。

10. 不要以為你總是有足夠的時間

試想你的觀眾已經聽了一整天的報告，而你是最後一個上場。你的報告不短，而你事先又沒有演練，不知道要用多長時間才能讀

完。如果一個小時後你還在喋喋不休，那你就太不體諒你的觀眾了。在報告會最後一個出場，意味著你必須縮短你的報告時間。原本 1 個小時的內容要精簡到 30 分鐘。如果知道可能會出現這種情況，一定提前做好準備，適當縮短報告時間。

在一些公司，沒人能真正享用預先給定的時間。如果你總是遭遇這種情況，那就準備一份簡化的報告文檔。另一個影響報告時間的是觀眾，如果他們需要更多的討論時間，那你就少講 5 分鐘，觀眾會感激你的慷慨行為的。

6 簡報者的應用作法

1. 提前準備

到達之前，至少應向 1～3 個該公司員工瞭解對報告的具體要求，即他們希望瞭解產品那方面的數據和信息。

根據對方的問題、項目和要求，結合你的理解構思、報告框架，把客戶的要求告訴和你同去的助手或同事。如果是一次很重要的報告，部門經理會列出報告的主題目標、構建要點，選擇合適的幻燈範本。特別針對該客戶的實際情況，給自己的報告提出質疑和問題，並認真考慮如何作答，以備會上之用。在拜訪客戶時不做好這些準備是不可原諒的。還有，要確定你的幻燈簡報與客戶公司的企業文化一致，圖表設計符合對方的要求。

在報告開始之前，和客戶一起流覽，討論報告議程。因為客戶在一個星期前告訴你他們對「Ｘ」很感興趣，並不意味著今天仍然對它感興趣。切不可自以為你的報告構思一定會令對方滿意，客戶的「選擇」在一星期內會發生很多變化。主動給客戶看你的報告議項，讓他們告訴你就每一項主題他們具體想瞭解什麼，他們期望從這次報告會上獲得什麼。

在小型會議上，如果你並不瞭解觀眾，可以走下講台，挨個詢問他們參加報告會的目的，把他們的名字和回答寫在活動掛圖或白板上。在報告過程中可以參看這個列表，以確保你的講話涉及到他們每個人所關心的問題。

與客戶意見達成一致後，集體表決從報告的那部份開始。這很重要，因為有人可能會提前離開，而你必須保證在他離開前已討論了他所感興趣的議題。如果客戶要求你立即開始，那就聽從他的意見，站到觀眾前面。在開始你的報告前，問觀眾幾個問題，讓他們先發表議論。在你打開簡報幻燈片前，盡量讓觀眾討論他們所關心的問題。你可能做不到向每一個人發問，但是你可以寫下部份觀眾的回答並讓大家都能看到，以便讓大家先討論他們自己最關心的問題。

2.確定有多少報告時間

向觀眾宣佈報告會持續多長時間。問一下是否有人要提前離開，因為有可能就在你到達之前，該公司在你報告的同一時間安排有另外的會議。

3.開始你的報告

如果你的觀眾不止一兩個人，你應該站在他們正前方。如果你

是坐著的,你可以選擇不同的位置。你可以自己控制滑鼠,或者讓客戶控制滑鼠,讓他根據自己的需要操作。後一種方法對報告人將是一個挑戰,但是這樣無疑會讓你的客戶、準客戶或者學員更投入。

4.確定報告沒有離題

報告過程中,注意觀眾的要求,告訴他們你會滿足他們的需要。在開始新的產品或服務介紹時,問一下觀眾他們是否想要瞭解更多有關上一個產品或服務的細節。

5.做一個慷慨的報告人

留點兒時間給觀眾,讓他們覺得有充足的提問時間。想辦法與觀眾達成雙向的交流,這樣可以瞭解到他們的想法和願望。

6.強調指出你的產品和服務將會滿足他們的要求

清楚地表明你所提供的信息與他們面臨的問題息息相關。同時注意,你的報告應該貼近客戶的真實情況。

7.簡短作答

有時候你很清楚觀眾所提的問題,那就立刻答覆。如果你不太明白觀眾到底要問什麼,不要浪費太多時間去弄清楚。你的同事可以幫你處理。回答完後,可以補充問一句:「您還需要更多的詳情資料嗎?」讓人們感覺你願意回答他們任何的、所有的問題。

8.弄清會議的進展程度

如果你參加的是一個持續一天、甚至兩天的會議,在中間休息期間,可以問問觀眾的想法和感受。可以這樣提問:「基於我們已經討論過的議題和討論的方式,您認為午飯後,我們該如何繼續,應增加和取消那些議項?」「您認為我們的報告是否實用?還需要

做那些調整？」即使大家看上去都聽得津津有味，你也可以問問他們的真實看法，這並無大礙，你完全可以就地對報告進行修改調整。

9. 作一個流動記事表

一旦有新問題出現，就把它寫在活動掛圖上。這麼做，首先可以讓觀眾看到你記下了他們的要求，表示你很在意他們的問題和意見；其次，當人們看到你記下來的問題或要求，他們會繼續就該問題往下思考。這樣有利於推動討論的進一步開展。

10. 為下一次報告做好鋪墊

在報告結束前，向客戶提出你的建議。根據你所瞭解的情況建議他們下面應該怎麼做。在總結時流覽你的流動記事表，以確定每個人的問題都討論到了。確定大家互相交換了電話號碼和電子郵件位址，下一次會議或者電話會議的日期也已確定下來。

最後適當加點兒幽默故事，與客戶建立良好的友誼。

心得欄

第 十 一 章

簡報者的說話技巧

1 拿出你的自信

　　同樣一句話，如何說、怎麼說，所達到的效果是完全不一樣的。正因如此，懂得講話技巧的簡報者，在簡報過程中往往是如魚得水，很容易得到聽眾的認可；而不懂得講話技巧的簡報者，在簡報過程中則只能是疲於應付、步履維艱。

　　簡報者是一場簡報的靈魂，在簡報中居於核心位置，他的一舉一動都會對整場簡報的效果造成巨大的影響。如果簡報者是抱著消極的想法做簡報的，那麼，整個會場的氣氛都會讓人感到沉悶；如果簡報者自始至終都表現得很積極，那麼，整場簡報的氣氛都會變得很活躍。正因如此，對於一個簡報者來說，積極和自信的心態是成功簡報所不可或缺的。

　　只有你對自己有信心，別人才會對你有信心。如果連作為簡報者的你都對自己的簡報缺乏信心，那又如何能指望別人對你的簡報有信心呢？作為一名簡報者，只要一踏進簡報場地就應該表現得非常自信。然而，事實卻並不都如此。很多簡報者開始簡報前，心裏總會這樣嘀咕：

　　「如果上台簡報的不是自己就好了」；

　　「如果自己準備得更充分一點兒，也許就不會這麼恐懼簡報了」；

　　「我總是感覺自己的身體很僵硬，不適合做簡報」。

　　嘀咕不能改變任何東西，更不會讓你的簡報變得更出色。正因如此，簡報者與其妄自菲薄，不如改變一下心態，讓自己變得更積極一些。簡報者可以嘗試這樣對自己說：

　　「我今天感覺非常好，簡報一定會非常成功」；

　　「我講的內容是最棒的，我沒有不成功的理由」；

　　「我已經演練多次了，像這樣的簡報，對我來說還不是小菜一碟」。

　　想想世界知名的演說家們，他們上台演說時，是何等充滿信心，何等激情澎湃？難道他們演說的內容就是人間的真理、真的就是無懈可擊？其實並非如此，他們比別人多的，也許只是一些對自己的信心而已。

　　那麼，簡報者如何才能讓自己充滿自信呢？

　　首先，只有準備充分，才會臨場不亂。簡報者在簡報前一定要將各項準備工作做足，而且還要在心裏不斷強化自己簡報的目標。

　　其次，開始簡報前，先大致回顧一下簡報的大綱，做到「心中

有數」。

最後，回憶一下自己以前成功簡報的經歷或者自己取得成功的事例，用以激勵自己。

其實，當簡報者自己的精神放鬆下來，思維也就會跟著清晰起來，自信也就會從心底裏產生，同時，簡報者的這份自信還會傳遞給聽眾，讓聽眾更加願意聽你的簡報。

2 適度的應用肢體語言

自信的簡報者，會透過每一個細節向聽眾傳達他對做好這場簡報的自信。而這些細節就包括簡報者站立的姿態、所處的位置以及手上的動作等等。

很多剛剛從事簡報工作的人，都會有這樣的感覺：簡報者如果一直站在講桌的後面，會給聽眾一種自己沒有簡報內容重要的印象；如果站在螢幕與聽眾之間，又會阻擋聽眾的視線；如果站在房間的一角，倒是不會影響聽眾視線，卻可能分散聽眾的注意力。於是，簡報者就會發出這樣的感慨：「到底那裏才是我的位置呢？」

簡報者所選擇的站立位置，應該既能夠保證自己與聽眾有適當的目光溝通，又能很方便地指出螢幕上的內容。一般情況下，簡報者站在螢幕的旁邊，讓身體與螢幕保持 30 度角就可以了。

很多簡報者在簡報過程中，經常不知道手應該放在那裏。有的

人喜歡前後左右搖擺手臂；有的人喜歡在手裏拿點東西；有的人則乾脆叉著腰完成簡報。這些動作都會讓聽眾覺得不自然。

其實，簡報者只要站姿穩重大方就可以避免前後左右搖擺的現象；如果能夠將肘部彎曲，雙手放在腰部也是不錯的選擇。同時，簡報者的手裏也不要再拿多餘的東西了，因為簡報過程中，筆記本、電子教鞭、麥克風等已經足夠讓簡報者忙得不可開交了。對於簡報者來說，多出的任何一件東西都可能成為簡報的累贅。

3 運用講話技巧

當你準備進行一次簡報時，怎樣才能給聽眾留下美好而長久的印象呢？「就當作沒人在看你時跳舞。」一般情況下，當我們不在乎別人怎樣看我們的時候，我們就會表現得最好。反正我們已經精心地策劃，仔細地排練過了。這裏有幾種辦法可以讓你在觀眾面前簡報時感到輕鬆自如。

1. 呼吸，呼吸，深呼吸

集中注意力進行呼吸，這是可以提供給你的也是最好的辦法，它可以克服你在觀眾面前簡報時可能表現出來的緊張情緒。在你開始簡報時，用片刻時間先感受一下週圍的氣氛，然後深呼吸一下。在回答問題前也刻意呼吸一下，在任何時候，只要你覺得需要放鬆，就呼吸一下。

2.同聽眾建立目光的交流

如果你想在觀眾面前簡報成功的話,那麼,在開始時要透過目光與觀眾進行交流,環顧全場的觀眾。這是你應掌握的最重要的簡報技巧,也是你在觀眾面前「作簡報」和你與觀眾「進行交流」的區別。

目光的接觸實際上是心靈的溝通;它可讓觀眾有參與感,覺得你在和他面對面談話。「目光交流」時,其實是說「視線交流」,是指的眼睛的對視。不是指那種以前常見到的情況,講話者直盯盯地看著前方 12 英尺遠處,而且這時他還沒有意識到這種做法的危險。

當面對一大片觀眾時,你在人群的每一個四分之一扇形區域內選定一名觀眾——當然最好是一名面帶微笑的觀眾,而不要選沒有精神、皺著眉頭的人或者打呵欠的人——與他們每一個人進行目光的接觸。因為你和每一位觀眾之間的距離都是很遠的,所以坐在那位觀眾旁邊的人都會感到你好像是在與他們進行目光的交流。

使用捲展式直觀教具時,如果發現聽眾將更多的時間花在閱讀手稿而不是抬頭看你的簡報,那麼將鉛筆放置在你要討論的書頁上,合上文檔並注視聽眾,就好像剛開始討論的時候那樣。

對於視頻會議來說,要盡可能多的注視攝像機鏡頭,這樣可以讓攝像機裏面一端的聽眾感覺你好像是在單獨跟他們每一個人交談。

3.講話自然

我們一般都能寫出想要說的話。但我們常常意識不到,書面表達的意思同口頭表達的意思寫出來看起來往往是不同的。例如讀這樣一份書面形式的講稿——我們在吃飯時向服務員訂早餐。聽眾可

以聽到我們這樣讀道：「早上好，先生。我今天早上到這裏來的目的是預訂早餐。我將預訂以下幾種食品：(a)雞蛋，(b)麵包，(c)咖啡……」你應看出，這樣是不自然的。讓我們保持自然而且用通常講話的方式講話——使用縮略語、成語等等。如果你要事先準備好筆記和講稿，那就一定要確保你的講稿是用口頭語言寫出來的。

順便提及，講話時要參照筆記，這是很好的主意，這樣做能確保你不會忘記重要的材料。但是如果你完全依賴筆記，那就不好了。這看起來你像是在給聽眾讀筆記，而不是在對觀眾發表簡報。最好你能在看筆記時，稍微停頓一下，一旦你知道後面的內容是什麼就抬起頭，面對聽眾說話，這樣就自然些。

4.語調豐富

有一次騎自行車在路上遇到一夥小青年，聽到其中一個問他的朋友：你大聲喊時聲音能傳多遠？我用力喊時聲音能傳到房子那頭。然後，他就拼命喊道：喂……房子你好……聲音夠響的。其實並不贊同在簡報中那樣的高聲叫喊，我的意思是說，在簡報中，你更要注意語調高低的豐富多彩。在你要強調某個要點時，聲音必須稍大一些，以突出要點，而對其他不那麼重要的部份，聲音不妨低一些。但是最起碼要確保坐在房間最後面的聽眾也能聽清你的聲音，這樣他們就在所有的簡報時段內覺得他們是聽眾的一部份。如果只和第一排的聽眾進行交流，這樣會使得其他的聽眾感到自己被疏遠。

對於虛擬簡報來說，聽眾跟你不在一個房間裏面，你就要做到好像站在舞台的中央一樣，研究一下電台播音員的播音方式，他們透過語音的變化來代替手勢以及眼神交流，並且透過語音的抑揚頓

挫來賦予他們的聲音以生命,並可著重強調其所要表達的內容。一定要確保在簡報的過程中的音量超過在電話中跟朋友打電話的音量。另外為了確保高品質的語音效果,不要使用常規的電話麥克風,也不要使用揚聲器。

5.站姿要穩妥,把雙手放在腰部以上處

演講者往往對演講時身體該怎樣站立和手該怎樣放不知所措。如果你站姿穩重大方,就可以避免出現前後、左右擺動的現象。如果你肘部彎曲,將你的雙手放置在腰部,就會看起來很自然,同時能增強你的講解效果。

如果你想要瞭解你什麼姿態最佳,可以去看看你假期中愉快旅行時的錄影。

如果使用捲展式教具以及直觀簡報,端坐在椅子上,並將雙腳自然放在地上。

心得欄 _

_ _

_ _

_ _

_ _

4 語調與節奏

　　生硬的語氣，會讓人從心底產生抵觸情緒；柔和的語氣，可以使人心曠神怡。一個好的簡報者，應該是一個駕馭語言的高手，應該能夠熟練掌握說話的語調與節奏；一個好的簡報者，所講出的每一句話都應該有抑揚頓挫的感覺，而不會給人平鋪直敘之感。

1. 講話自然

　　簡報不同於書面報告。因此，簡報過程中，所使用的語言也應該是口頭語而不是書面語。大家都知道，在日常生活中，如果使用書面語溝通，會給人一種極不自然的感覺，同樣，如果在簡報過程中使用書面語，也會給人一種極不自然的感覺。下列是一個實例。

　　美國是一個創造夢想的地方，在這次總統選舉投票中，出現了前所未有的盛況，很多人第一次投出了他們手中的選票。這些選民包括民主黨人、共和黨人、黑人、白人等等。

　　感覺如何？雖然意思表述得非常明確，但如果拿來做演講，總是給人一種不自然的感覺。再來看下面這段 2012 奧巴馬在芝加哥的演說詞。

　　芝加哥，你好！

　　如果有人懷疑美國是個一切皆有可能的地方，懷疑美國奠基者的夢想在我們這個時代依然燃燒，懷疑我們民主的力量，

那麼今晚這些疑問都有了答案。

學校和教堂門外的長龍便是答案。排隊的人數之多，在美國歷史上前所未有。為了投票，他們排隊長達三四個小時。許多人一生中第一次投票，因為他們認為這一次大選的結果必須不同以往，而他們手中的一票可能決定勝負。

無論年齡，無論貧富，無論民主黨人或共和黨人，無論黑人、白人，無論拉美裔、亞裔、印地安人，無論殘障人、健全人，所有的人向全世界喊出了同一個聲音：我們並不隸屬「紅州」與「藍州」的對立陣營，我們屬於美利堅合眾國，現在如此，永遠如此！

同樣的意思，不一樣的表達方式，就給人一種不一樣的感覺。講話自然，就是要求簡報者在簡報時，儘量使用縮略語、口頭語、成語典故等，以給聽眾一種流暢自然的感覺。

與此同時，簡報者還應該注意一個問題：少看講稿。簡報者在簡報過程中應儘量做到少看、不看講稿。聽眾想看的是一個做簡報的人，而不是一個當眾讀講稿的人。其實，對於簡報者來說，如果一場簡報眼睛都離不開講稿的話，是無論如何也不能給人以自然的感覺的。

2.語調要豐富

語調就是說話時語音高低輕重配置而形成的腔調。聲音不是越大越好，也不是越小越好，能夠根據簡報內容的需要時時做出變化才是最好的。為什麼歌曲會比普通的談話更讓人感到舒服？就是因為歌曲中充滿了語調的變化。正是一連串的高音與低音的統一，才成就了一首首美妙的樂曲。因此，簡報者要想讓自己的簡報能夠為

聽眾所接受，就一定要讓自己的語調豐富起來。也就是說，一個說話時語調豐富的人，一定是一個懂得高音與低音配合的人。

很多簡報者喜歡用聲嘶力竭的吶喊來顯示自己的激情。其實，這是大可不必的。因為一貫的大聲，同樣會讓聽眾找不到重點。事實上，對於一般性的簡報來說，聽眾不可能自始至終百分之百地集中精神，這就需要簡報者能夠透過自己在簡報中語調的調整，使聽眾知道那裏是重點、那裏的內容相對次要一些。

簡報者如果聲音一直過大，可能會給聽眾一種刺耳的感覺；如果聲音過小，那就只有前排的聽眾能夠聽到，坐在後排的聽眾就會有一種被排除在外的感覺。

簡報者在強調某一要點時，聲音可以大一些，以提醒聽眾的注意，而遇到不重要的內容時，聲音可以適當放低一些，但要保證坐在最後一排的聽眾也能夠聽到自己的聲音。

3.說話的節奏

說話的節奏，主要指的是一個人說話的語速快慢。有的人說話很快，一大堆話一口氣就能說完，像是打機關槍；而另外一種人則恰恰相反，說話慢條斯理，半天也講不完一句話。其實，這都是沒控制好說話節奏的表現。一個好的簡報者，一定是一個注重說話節奏的人。

一個注意節奏的人，在說話時就能做到該快的時候快、該慢的時候慢、該停的時候停，這樣才會給人一種有起伏、有主次的感覺。

說話節奏是一個簡報者必須要掌握的技能。如果一個簡報者在簡報過程中不講究說話的節奏，就會給人一種死板、不生動的感覺，那麼，即使簡報者所講述的內容再有趣，也難以吸引聽眾的興

趣；而如果一個簡報者在說話時非常講究節奏，就有可能把本來非常枯燥的內容講述得生動、感人。

5 學會講故事

人們常說：「聽一堂課，不如讀一個故事。」有時候，一個故事所能傳遞給聽眾的信息還真是要比一堂簡報要多，因為故事生動、活潑，更容易讓聽眾記住。正因如此，很多簡報者都喜歡在簡報過程中穿插一些故事，以此來增強聽眾對於簡報內容的理解。

一個故事，可以讓一個深奧的道理更容易被理解；一個故事，可以讓整場簡報都變得生動活潑。對於一個簡報者來說，即使簡報的內容再好，也需要故事來做陪襯；沒有故事，也就沒有了精彩的簡報。

會講故事的簡報者，才是一個好的簡報者。簡報者，可以透過故事來引出自己所要簡報的話題；可以透過故事講述自己所要闡述的道理；可以透過故事來完成簡報內容的過渡；可以透過故事結束自己的簡報，等等。

故事比你更會說話。簡報者在簡報過程中，不要試圖用自己的語言去解釋遇到的每一個問題，如果能夠用故事來說明的，儘量用故事去解釋，這往往能收到更好的效果。

一個優秀的簡報者總是會給人一種博學、睿智的感覺，尤其是

當他們講述一個故事時，總給人一種信手拈來之感，那些故事好像就是他們隨時隨地想到的一樣。其實不然，他們的每一個故事幾乎都是自己在台下精心準備的、精心選擇的。

好故事是選出來的。一個簡報者要想成為一個講故事的好手，必須要有自己的故事儲備，同時，還要會選擇故事。

一個好的故事不僅能夠表現出簡報者所需要表達的信息，更是具有不同凡響的趣味性。但是，很多時候簡報者往往習慣於把自己的精力放在聽眾對信息的需求上。而忽視了聽眾對興趣的需求。

簡報者在講故事過程中，切忌把自己當成局外人，而是應該把自己變成故事中的一個角色，只有這樣，聽眾才會感覺更加真實、生動。

心得欄

\-

\-

\-

\-

6 善於用幽默

幽默是一種自信的表現。一個富有幽默感的人，更容易獲得別人的認可，也就更容易獲得事業的成功。正因如此，很多人都把幽默看成是事業成功的「潤滑劑」。而對於簡報者來說，恰到好處的幽默也是一場精彩簡報不可或缺的「佐料」。

幽默應該是一種自然的流露，所以，很多人都認為，刻意做出來的幽默不能稱其為真正的幽默。儘管如此，簡報並不同於普通講話，簡報者在簡報過程中使用幽默時，仍應掌握好時機，讓幽默發揮最大的效用。

對於聽眾來說，即使簡報者所講的內容再有用，但如果講述過程枯燥乏味，也不可能有聽下去的興趣。所以，簡報者就要嘗試用最簡單、最生動的語言把最難懂的道理講述清楚。就像愛因斯坦的相對論，如果用物理學來講給普通的聽眾，可能沒有幾個人能聽得懂，但如果恰當地使用一些比喻，引入一些幽默成分，就很容易讓人理解了。

7 控制你的情緒

負面情緒是簡報的天敵。簡報者要想簡報獲得成功，首先要做的就是控制好自己的情緒。

每個人在登台簡報前都會或多或少地產生一些緊張的感覺，這時，就需要採取適當方式將這種情緒釋放，例如有的人喜歡透過唱歌來發洩情感，有的人則喜歡透過運動來調節情緒等等。這些方式，就其本質而言，沒有優劣之分，每個人有每個人的調整方式，只要找到適合自己的就可以了。

中國傳統氣功裏有些思想也是可以幫助簡報者調整情緒的，例如氣功裏講到的呼吸方法。簡報者在感到緊張時，可以透過連續幾次的深呼吸使自己集中注意力，有效克服緊張情緒。其實，這種方法不僅適用於自身情緒緊張的時候，就是在平時，簡報者如果能夠做幾次深呼吸，也可以讓自身感到輕鬆。

影響簡報者情緒的不僅僅是簡報前的緊張心理，還有可能是一些工作或生活中的變故。例如自己的親人生病了、自己的錢包被偷了等，這些變故都可能對簡報者的情緒產生一定的影響，最終影響簡報的效果。能否克服情緒波動，是考驗簡報者是否成熟的一個標誌。一個成熟的簡報者應該能在開始簡報之後把自己身邊發生的不愉快全部拋棄，並按照自己一貫的風格完成簡報。就像一位著名演

員曾經說的:「選擇了演員這一職業,就是放棄了個人情感。自己無論家裏發生了什麼不愉快的事情,到了台上,也依然要把笑臉獻給觀眾。」

事實上,不是每個簡報者都能把情緒控制得這麼好,因此,簡報者如果感到自己無法控制情緒時,交由他人代為簡報也是一個不錯的選擇。

簡報者應該謹記:當自己不能控制情緒時,勉強去完成簡報,就是對聽眾、對自己的不負責任。

心得欄 _____

第 十 二 章

在簡報會場的問題互動技巧

1 聚焦觀眾

　　報告過程中簡報人一定要與觀眾互動，表現自然，不要刻意設計你的每一個步驟，讓觀眾來決定你下面應該做什麼。在觀眾面前，你是一個活生生的人，展示真實自我，就能得到觀眾的認可。重視觀眾的反應，你的報告才會有說服力。當觀眾感到你很在意他們所關心的問題時，他們便會積極地回應你的觀點。把下面這句話作為你的報告箴言吧：「首要也是最重要的，那就是與觀眾交流。他們是來聽我的報告，而不是來看幻燈片簡報的。」

　　許多人不敢上台做報告，尤其是面對觀眾時，他們總覺得觀眾十分厭惡自己，都在那兒等著看自己出洋相。每當站在台前，總覺得不自在，認為自己是全場注意的焦點。聽他們的報告，讓人覺得

他們只想儘快結束報告，好逃離會場。

事實上，當幻燈片（或投影片）的內容出現後，報告人應該面向觀眾，因為此時觀眾都在看著報告人，等他發言。有時候這種場面不好應付，因為在真正的報告開始之前，很少有人會大聲地演練自己的報告，他們不知道自己的聲音聽起來怎樣，更不知道怎樣對幻燈片的內容進行講解，這些未知因素讓他們緊張不安，手足無措。

一個真誠而富有激情的報告人是電腦所替代不了的。他在意觀眾的想法，樂於回答觀眾的提問。現在，大部份的簡報報告人都掌握了電子簡報設備的操作，但是只有真正關注觀眾的報告人和滿足觀眾需要的報告才會從中脫穎而出。

電腦只是用於交流的工具。作為一個報告人，你還要用你的聲音、身體和積極的精神向觀眾傳達信息。如果只關注電腦的簡報效果，而對觀眾的反應漠不關心，那你就無法出色地完成報告。對觀眾的關注體現在「想觀眾之想」，因為有時候紛繁的幻燈效果本身完全吸引了大家的注意力，你還得費一番心思向大家闡明你的報告主旨，徵求大家的看法和意見，這時候觀眾尤其需要聽到的是你本人的聲音。你的聲音要充滿自信與激情，時不時地停頓一下，給觀眾一點兒思考和理解的時間。

另外，如果你是在一間昏暗的會議室做簡報報告，需要在適當時候將燈打開，讓觀眾看得到你的表情和手勢。否則，你在他們的印象中留下的只有聲音。不過現在，你再也不必在昏暗的會議室進行講解了，最新的科技發展可以讓你在明亮的大廳簡報幻燈片。但有些房間的電源開關時好時壞，儘量不要選擇在這樣的會議室做簡報報告。

2 懂得提問技巧

　　讓我們設想一下，一開始就有人提了一個簡單的問題，而你發現你本該將這個問題在螢幕上進行細述，於是你就覺得提問的人不懷好意，是成心讓你出醜，讓大家認為你毫無專業水準。小心，不要再順著這個思路往下走。敏感的觀眾會覺察到你的抵觸情緒，繼而整個會議室的氣氛都會變成消極對抗。你要沉著冷靜、積極應對，並讓自己看起來仍然是成竹在胸。當然，在會議現場有些問題的確會使你措手不及。

　　報告人所犯的最大錯誤在於過高估計自己對觀眾的瞭解，一味地根據自己的感覺設計報告內容和報告議程。要取得簡報報告的成功，你必須學會在報告前設計問題，在報告過程中向觀眾適時提問。如果你是一個「表演型」的報告人，喜歡在報告結束時才匆匆發問，慢慢的你就會不再提問便結束報告。如果你是一個「交流型」的報告人，你就會樂於提問，並根據觀眾的回饋重新組織報告。實際上，與觀眾互動比嚴肅正式的個人演講要輕鬆得多。

　　一些在報告開始前可以問的問題：

1. 使用該系統你有什麼想做而又做不到的？

2. 由於某種原因，你還沒能達成的目標有那些？

3. 你認為我們的產品在那些方面幫助你取得了一些成果？

4. 在你的企業經營中有什麼困難和阻礙？

5. 出現什麼「情況」最有可能改變你的企業現狀？

6. 如果該系統的設計達到幾乎完美的境界該是如何？

如何在報告進行的過程中創造機會與觀眾互動？如何應付全場鴉雀無聲的局面？當然，由於受傳統文化的影響，人們不願意或不習慣發表個人意見。我們先排除這種情況，假設觀眾願意發言，你又該如何為他們創造機會呢？

首先，在啟發觀眾時，避免這樣的提問：「你們懂了嗎？」大多數人會回答懂了，即使他們並沒有真正理解你的報告。你應該怎麼問呢？你可以提封閉式問題(closed question)，以確定你的思路是正確的。封閉式問題一般以「是」或「不是」作答。如，「你希望瞭解較多這方面的情況嗎？」「我的報告是否太詳細了？」

你也可以選擇互動式和開放式的問題(open question)，讓觀眾有更多的自由發揮空間。例如：

⑴你將如何在你的企業施用該解決方案？

⑵上週你在電話裏提到某公司出現的問題，我在這兒就該問題進行了討論。您現在對該問題有什麼看法？

⑶你對我們提供的建議有什麼補充或異議的地方嗎？

要給觀眾留下深刻印象，你需要提高你的提問能力。如果你實在不能確定該問些什麼，有時候短暫的停頓和沉默會讓觀眾主動開口。

3 簡報者要懂得分析結論

做報告是一項頗具挑戰性的工作。報告人往往一邊盯著幻燈片，一邊不停地講解，好像觀眾根本不需要時間去理解和整理聽到、看到的信息。報告人以為，「我只是負責向他們簡報信息，所以越快越好。」

交流階梯圖將幫助你處理報告中的原始數據。階梯圖把交流分為三個層次，從最基本的告知層次到交流的最高形式——分析解釋數據包含的意義。交流的層次框架將使你面臨更多的挑戰：做好一次簡報報告並不是把收集到的資料原封不動地搬到漂亮的幻燈片上。相反，你要想辦法把各種原始數據提升到更高的信息交流層次，激發觀眾的興趣，引導他們去思考，再根據獲得的顧客意見、回饋進一步調整報告。

在報告中激發觀眾的熱情，關注他們的看法，這樣他們對報告的印象就會更深刻、持久，報告對他們的影響力就會更大，他們會更積極地支持你的觀點、認可你的建議。

準備聽眾名單

簡報過程中，不可避免地會有聽眾向簡報者提出自己心中的疑問。而這恰恰是簡報者所擔心的，因為他們害怕萬一答不上來，就會使自己陷入尷尬的境地。於是，拖延、躲避、拒絕等手段頻頻在簡報的過程中出現。其實，這些都是不必要的。聽眾不是簡報者的敵人，簡報者只要掌握了一些簡報中的問題互動技巧，應對聽眾的提問還是比較容易的。

所有的事情你都做得很好，為製作出完美的簡報做準備。可這時你遇到了麻煩，有個你不認識的人受邀出席簡報，而這個人很討厭你的髮型，或者他和他目前的供應商關係非常要好。你根本就沒見過他，在此之前他從未參與過這個銷售過程。這真的很糟糕。

可這並不意味著你就要盲目地接受對方制定的出席名單，尤其是如果你認為某些人應該出席而未被邀請的時候。遇到這種情況的時候，可以跟潛在客戶說：「這種場合，我們一般都希望人力資源部(或信息技術部，或其他什麼部門)的人能夠出席。人力資源部(或信息技術部，或其他什麼部門)提供的信息和回饋意見非常有意義。」

如果參加簡報的人太多，那你的麻煩就更大了。你不可能要求對方削減人數，你可以建議讓某些人參加，但決不可以排除掉誰。

參加簡報的人過多只會把事情弄得一團糟，而有些參加簡報的人好像只會幹一件事——提愚蠢的問題。

遇到這種情況，你就要把注意力集中在重要人物身上。老實說，做到這一點很難。因為如果你不知道誰是重要人物，你很可能會忽略掉，甚至疏遠他們。但同時，你也得現實點。銷售圈裏總有一些人喜歡無端找碴，你必須接受這個現實並學會如何處理。

實際上，出席人員名單是銷售過程中重要的轉捩點之一。名單上出現的名字意味著你是否能順利進入下一關。你對名單的影響力最能顯示你與潛在客戶之間的關係。你在潛在客戶眼裏大致是個什麼形象呢？是個拎著包的流動商販？如果是的話，你的權威（可能還有你的機會）就基本為零。

另一方面，或許你能讓潛在客戶相信，你不止是供應商，而且還是他工作上的夥伴，你與他們公司有共同的願景，你是他們公司的一個資源。如果是這樣的話，很顯然，你成功的幾率（以及你對出席簡報人員名單的影響力）就會大幅度提高。如果潛在客戶想與你合作，他就會暗中助你一臂之力。

但是不管你們關係多好，潛在客戶能做的是有限的。如果某個高級副總裁要來參加你的簡報，那可沒人能阻攔他。而如果這位高級副總裁對你或你的產品抱有不好的態度，那你的任務就是想辦法讓他離開簡報現場了。

態度不好的人（Person With a Bad Attitude，PWABA）指的是沒有意識到購買你的產品有什麼好處的人。如果這個態度不好的人是你以前接觸過的，那麼你就會知道他反對你的原因。在做簡報的時候，你就可以對此進行解釋，打消他的反對意見。如果參加簡

報的 PWABA 你不認識該怎麼辦呢？殘酷的現實就是：這種情況很難
(甚至無法)克服。如果某個態度不好的人是最後一個受邀參加簡報
的人——尤其是當他還是整個銷售過程的關鍵人物時——他懷著不
配合的態度走進會場，那麼你大概沒有辦法能消除掉這種消極態
度。學習銷售過程的一部份就是學會在什麼時候放棄。

　　如果你感覺到了這種消極的態度，你就將它提出來並進行反
駁。

5 傾聽的眼神

1. 善於傾聽

　　為什麼人有兩隻眼睛、兩隻耳朵、兩隻手，卻只有一張嘴巴？
這是讓人要多看、多聽、多做、少說話。對於簡報者來說，儘管自
己在簡報過程中是以說話為主，但也不能忽視傾聽這一環節。稀缺
的東西往往是珍貴的。簡報者如果能夠從聽眾的角度考慮就會發
現，聽眾在簡報過程中其實是很少會有說話的機會的，所以，他才
會十分珍惜每次的說話機會。簡報者如果對他有限的發言機會不夠
重視的話，就很可能引起聽眾對簡報者的不滿和抵觸心理。

　　細節決定成敗。傾聽中的細節同樣決定著最終簡報的成敗。而
一個簡報者要成為一個好的傾聽者，就必須將傾聽的每一個環節都
做到位。

要有耐心——在聽完對方整個問題之前，不要匆匆忙忙地做出回答。同樣道理，在整個簡報過程中，能夠傾聽沉默是一個好主意。

這就像開葡萄酒瓶，當你打開瓶子後，酒味就會散發出來。在你開始飲用之前，你會停頓一會兒，為了使酒同室溫趨於一致。就簡報中闡述你的想法而言，也是同樣道理。在闡述完每個想法後都喘口氣，讓聽眾細細體會你的每一個想法，使他們有時間吸收、領會、細想以及欣賞你的想法。

知道沉默是我們最好的朋友。因為：

⑴它給予我們一個機會，得到了考慮下一步應該說什麼所需要的時間，這樣，在我們整理好思路之前，就不至於說出全部想法。

⑵它將我們想要簡報的每一個想法分隔開來，而不是你一直不停地說啊說，好像唯恐有人用某個問題打斷你的話。我們可以表達出我們的第一個觀點……停一會兒……開始第二個觀點……停一會兒。那樣，每一個觀點都可以引起聽眾的充分注意。

⑶它可以使聽眾有時間思考我們剛說過的話，而不是苦於應付紛至遝來的太多的話，以至於沒有時間去思考理解你講的問題。

⑷它給聽眾一個機會說出他們的想法。畢竟，我們一直不停地說，就不如我們時而傾聽一下別人怎麼說學到的東西更多。

試試研究一下偉大的演說家與喜劇演員，你將注意到，他們的成功歸功於他們掌握了「閉嘴」的藝術。

2.眼神互動

俗話說：「眼睛是心靈的窗戶。」目光的接觸，實際上就是心靈的溝通。一個簡報者如果能夠恰當地使用目光溝通，就會讓聽眾產生受到重視的感覺，聽眾自然而然就會增加對簡報的興趣。

簡報者想在聽眾面前簡報成功的話,與聽眾進行適當的眼神互動是必不可少的。但是,仍然有很多簡報者不會使用眼神與聽眾溝通。這些簡報者的眼神要麼直直地盯著對面,要麼乾脆看著天花板。其實,簡報者無論用的是上述兩種做法中的那一種,都會給聽眾一種目中無人的感覺。

簡報者在簡報過程中,眼睛裏應該有什麼?眼神與誰交流才是最合適的?一般情況下,簡報者最好能在自己所面對人群的四分之一扇形區域內選定一名聽眾來與自己進行目光交流。當然,簡報者所選的這位聽眾,最好是一位面帶微笑的人,因為,當你看到他的微笑時,自身也會增加對簡報的信心。

心得欄 _____

_____

_____

_____

_____

6 問題解答

　　問題確認是解決問題的第一步。簡報者要想自如地應對聽眾所提出的問題，首先必須明確聽眾所提問題的內容。這就需要簡報者仔細傾聽聽眾所提的問題，並對其進行分析，如果沒有明確問題，還需要進一步確認問題。

　　聽眾能向簡報者提問，就是表示對簡報者的認可。因此，簡報者必須認真對待聽眾提出的每一個問題。

　　無論是聽眾在簡報進行中還是簡報結束後所提的問題，簡報者在回答時應該注意以下幾個事項。

　　很多簡報者有過這樣的經歷：在簡報進行當中，很多聽眾會提出這樣那樣的疑問，不僅嚴重干擾了自己的簡報思路，而且還影響了簡報的正常推進。

　　簡報者針對簡報進行中提出的問題，可以做如下處理。

1.先向聽眾申明

　　簡報者可以在簡報之前就向聽眾申明，在簡報進行中會預留出一些時間來回答他們的疑問。這樣，就可以為自己創造一個相對寬鬆的簡報環境。

2.儘量簡短地做出回答

　　對於簡報進行中所提出的問題，簡報者儘量簡單地做出答覆，

並告訴提問者，如果仍有疑問，可以在簡報結束後共同討論。

簡報者在結束簡報後，都要為聽眾留下幾分鐘的答疑時間，以消除聽眾對簡報中不理解的地方。

每個簡報者都不是全能的，因而，不可避免會有一些問題解答不出來。下面給出幾種應對這種情況的辦法。

⑴如果簡報者是一個團隊的話，可以求助於其他團隊成員；

⑵可以詢問一下其他聽眾，看看能不能得到答案；

⑶告訴提問者自己將在以後的簡報中給予解決；

⑷告訴提問者自己將在以後一段時間內給他答覆，並認真履行諾言。

心得欄

第 十 三 章

跨國文化的「客戶簡報」工作

1 瞭解跨國文化區域的簡報工作

對於跨國公司，報告人需要在完全不同的文化背景下進行簡報講解，這方面的經驗與技巧不能指望從反覆的實驗和錯誤中獲得和提高。你只能儘量提前做好充分的準備，否則一旦出錯將有損你本人和你所在公司的聲譽。

1. 瞭解當地習俗

向兩個以上的當地員工調查詢問，那些顏色、圖片、手勢、簡稱、短語和引用應該廻避或者容易使人誤解；派什麼人去做簡報報告比較合適——性別、年齡以及在公司的職位；當地客戶習慣何種簡報方式，喜歡什麼類型的報告；當地人用什麼語言、手勢、表情表達同意和不同意。一位接受調查的報告人說：「我每年都要到北

美以外的地方去做簡報報告,我逐漸發現,在世界其他一些地方(例如中東的迪拜),搖頭表示贊同(在美國表示『不』),而點頭則表示不同意(在美國表示『是』)。如果做報告前對此不瞭解,我肯定會對他們的搖頭點頭困惑不解,不知所云。」

2.瞭解重要的處事方式和文化習俗

在美國,當你請別人幫忙時,對方會直接告訴你可以或者不可以幫助。但是在日本,人們一般不會直接回絕你;而且,即使他們答應了也不一定會真正幫你,所以在向觀眾提問時,儘量避免「是或不是」的問題。不要輕易把點頭當成是認同的表示。你需要瞭解你所身處的文化背景,如果不知道該向觀眾提什麼類型的問題,可以請教你的翻譯。

3.尊重觀眾和他們的國家

在報告開始時,向觀眾表示你對他們文化的尊重。在一定程度上使你的幻燈片更加人性化一點,例如,可在幻燈上放上他們的國旗,使用他們喜歡的顏色,學會用他們的方式形象地解釋晦澀的概念和術語。上網查詢該公司的資料,看一下他們製作的簡報報告。不要試圖使你的報告「美國化」。「直截了當」在美國也許很奏效,在東京和倫敦就不一定了。學會用對方的語言說「你好,謝謝,再見」。在提出建議前確定你的確瞭解當地的市場動態和貿易規則。

4.閱讀本地報紙

一位被調查人說:「無論到那兒,我每天都要讀 3 種報紙——《華爾街日報》(The Wall Street Journal)、《今日美國》(USA Today)和當地的報紙。這樣我就能在報告中引用當地的事例,去掉那些可能會冒犯客戶的內容。」

5.選擇恰當的簡報語言

在選擇使用何種語言時，首先考慮你的大多數觀眾能讀懂那種語言，然後才考慮他們會說那種語言。一位報告人說：「我經常到說西班牙語的國家做簡報報告，但我還是用英語製作幻燈片，因為有一小部份觀眾不說西班牙語。在這裏，幾乎所有的人都懂英語，他們都能看懂幻燈片上的內容。僅有少數觀眾需要借助同聲翻譯。」有人建議，在歐洲，使用英式的拼寫，如「colour」和「theatre」，這表明你在儘量使用他們的語言。

6.和當地的工作人員和一起演練

在當地請一位對你的語言並不熟悉的員工當你的觀眾。每當你使用了俚語、術語、不禮貌的言辭或口語時，請他/她提醒你。在其他國家，有些詞語的意思差異很大，一旦使用不當會令人十分難堪的。同時也請他/她告訴你，你講話的口氣、手勢和幻燈圖案是否令人厭惡；語速是否適中；聲音是否清晰；某些幽默語言的使用是否得當。你的報告主題和主張的觀點在當地是不是被禁止的。一般來說，你的語速要比你在國內講話時慢一些，吐詞更清晰一些。如果找不到合適的試聽觀眾，試試這個辦法：在當地大學貼一個招聘啟事，僱用一個學生，讓他/她和你排練，聽你的講解並流覽你的幻燈片簡報。

7.與翻譯做好溝通

出發前，瞭解一下觀眾的外語水準，並根據情況安排一名隨行翻譯。我們在調查中聽到這樣一個故事：一位批發商乘飛機前往日本向幾家投資公司做產品說明，但他忘了帶翻譯。於是臨時在當地找了一名翻譯，由於缺乏溝通，出現了許多理解上的誤差。我們聽

到了很多有趣的翻譯——由單詞堆砌的翻譯，令人啼笑皆非，而又不知所云。例如，「混合杯裝優酪乳」，被譯成了「搗碎在茶杯裏的優酪乳」(yogurt mashed in a teacup)。當然，對翻譯還是應該信任的，提前和他練習一下，看看你的幽默經過他的翻譯後是否還具有幽默感。讓翻譯提醒你，要想和觀眾保持良好的交流，那些該說那些不該說。「一個報告人講了個笑話，翻譯覺得很難用俄語表達出來。於是他就對大家說，報告人剛才講了一個笑話，但是翻譯出來一點兒也不好笑。所以當我暗示時，你們就和我一起笑就行了。於是，在翻譯的暗示下大家就真的和他一起大笑起來。該報告人和另一個翻譯在該國的另一城市做報告時講了同樣的笑話，翻譯照實翻譯出來，但全場沒有一個人笑。於是，報告人得出了這樣一個結論：前一個城市的居民更有幽默感。」

8.利用文字說明幫助理解

如果觀眾是以你的母語為第二語言的，要充分利用幻燈上的文字信息。不必使用完整的句子，使用以動詞或名詞打頭的並列短語，但要注意內容組織嚴密有序。人們對語言的閱讀能力總是強於聽說能力。每個要點(bullet point)不能僅用兩個詞表示，也不要使用複雜的詞語，選擇常用詞就可以了。每張幻燈簡報不要多於8個要點，每個要點的內容用8個左右的詞概括。另外，相對於文字，觀眾更容易理解用圖表和數字傳達的信息。

9.核對翻譯稿

確保翻譯稿準確無誤。具體該怎麼做呢？時間充裕的報告人會把翻譯稿再譯回來。如果時間不夠，可以請一位當地的工作人員將幻燈片流覽一遍，看看有什麼問題。提前向翻譯解釋用到的技術術

語，以免在現場由於誤解而鬧出笑話。

10.如何準備國際巡迴報告

　　對此有人建議：當準備國際巡迴報告時，從中選擇一個你能在那兒輕易獲取代表性的圖像、圖表和照片的國家製作幻燈片。在很多國家，人們不習慣提問和參與討論。你事先對此要有所瞭解和準備，因為沒有觀眾參與的交流，3 個小時的報告可能在工小時內就宣告結束。

心得欄 ----------------------------------

----

2 完善跨國的簡報設備工作

1.必備的工具和裝置

隨身攜帶一個國際通用的適配器(電源轉換插座)，這樣你就可以使用各國不同規格的電源插座了。一位報告人說：「我總是將PowerPoint 電腦軟體文檔複製一份到 CD 和 Flash media 卡(192兆)上。除此之外，我還將報告另存為 HTML 文件，以防借用的電腦不能識別我的文件。」

2.用自己的電腦

一位報告人說：「有些國家的雙位組(double-byte)系統無法運行你的單字節(single—byte)文檔。所以你最好使用自己的電腦。」

3.為可能出現的問題做好準備

準備一份非電子備份(紙印文檔)。

4.親自確定 AV 設備的規格

提前打電話告訴對方你對 AV 設備的要求，尤其需要協調設備的相容性和連通性。瞭解對方提供的是大的顯示器還是較小的監視器。與對方協調好設備要求後，進一步確定設備能否按時送達指定地點。旅行的疲勞可能會使你忘記異國設施的差異。一位報告人就有這樣的經歷：「一次在荷蘭，我把電源板給燒了，因為一時忘了

當地的電壓是 220V AC。」

5.請教本地的 PowerPoint 電腦軟體專家

　　許多人的經驗表明，你需要一位翻譯幫你流覽幻燈片。有報告人建議說：「在當地找一個懂得使用 PowerPoint 電腦軟體的翻譯，因為此時的菜單使用的是本地語言。在一次國際會議上，我便碰到了麻煩，PowerPoint 電腦軟體菜單中根本沒有羅馬文字，顯示出來的只有中文、阿拉伯文等，即使有法文或者德文，我也能猜出大意來啊。」「在東歐，一次我需要調用另一位報告人的俄文幻燈片。但我沒能下載到正確的文檔，因為語言不通，我根本不知道如何操作。」

6.報告文件不要太大

　　盡量不要使用 PDF 文件或需要進行解壓縮操作的文件，因為，不是每個地方的科技更新都如你認為的那麼及時迅速。建議文件的大小限制在能夠拷入 3.5 寸軟碟為宜。我們聽到了這樣一個故事：「報告人帶來的電腦顯然不能和投影儀相容使用，電腦硬碟幾乎被毀，我們花了 3 個小時才使他的電腦恢復正常。由於報告文件太大，他沒有存入軟碟。於是我們調用事先存入我的電腦裏的報告文檔，但需要在 20 分鐘內將報告從英文翻譯成西班牙文，這可不是件輕鬆的差事。」

7.不要試圖連接 Internet

　　要連接網路，需要在出發前就做好準備。如果沒必要，就盡量不要使用網路連接。如果必須要連接 Internet，事先應至少準備一些以「緩存」網頁形式存在的幻燈片，以防到時你不能成功連接 Internet。

8.字體太小

「一位女職員正向客戶推薦產品，客戶埋怨他根本看不清螢幕上的文字。報告結束後，客戶評價說，如果他們連一個推薦報告都做不好，我又怎能相信他們有能力幫我做一份極具競爭力的市場策劃呢。結果，這位女職員接到公司通知：要麼降為銷售助理，要麼辭職。」

「幾乎所有的簡報報告中都有一些無法閱讀的幻燈片。甚至有些報告人會說：『雖然大家看不清幻燈片上的文字，但是……』他們竟然並不認為這是什麼問題，這實在讓我吃驚。」

來不及備份「在報告開始的前一天晚上我才完成報告製作，所以我根本沒有備份的時間。」次日該報告人要主持一個研討會，到達後才發現自己沒帶投影儀。接著，在移動桌子時，她的筆記本電腦又從桌上摔到了地上，並且再也無法啟動了。其實，如果那天她帶了投影儀，研討會就不至於要取消。

如果你準備了投影儀，不要把它落在辦公室裏。一位報告人就由於把投影儀忘在辦公室而不得不在報告即將開始時跑回去取。在這個世界上，時間就是金錢，你必須預先為可能出現的一切機械故障想好最快的補救措施。

「我的電腦死機了，而我又沒有備份。於是只能在白板上寫，還好，會議進行得比較順利。這次經歷給了我很大教訓。現在，我總是隨時攜帶一份非電子備份。」

9.電池電量不足

「我十分肯定我換了新電池，但是在報告進行到 30 分鐘時，電腦由於電量不足而自行關閉了。」如果是一次非常重要的報告

會，切記一定要換用新電池。

「報告人的無線滑鼠沒電了，我正好坐在電腦旁邊，於是我便用鍵盤來切換幻燈片，而報告人手握著滑鼠，好像在用它遙控電腦。沒有人發現其實是我在操作。」

10. 可惡的自動存儲功能

有時候會碰到緊急情況，此時人們容易過於緊張，反而會使局面更糟，尤其是在操作電腦時。「手忙腳亂的我根本不知道自己在做什麼，就在報告開始前 20 分鐘，我被告知要馬上準備一份散發材料。於是我立即打開簡報報告，將原來 40 張幻燈片的內容縮減為 10 張作為散發材料。但我沒意識到，電腦的自動存儲功能沒關，最後保留在電腦裏的是修改後的文檔。當時我又沒有備份文件。這是，一名助手將拷貝有報告文檔的磁片交給了我。我問他怎麼會想到要另存一份在軟碟裏，他說，我總是未雨綢繆，為最壞的情況做好準備。」

11. 第一個登場

「我總是儘量爭取第一個登場，無論報告會是在早上的還是下午，因為這樣我就有機會事先流覽一遍我的報告文檔。有很多次我都在報告正式開始前及時發現了問題。例如，有時需要改變幻燈片的背景色，使顯示更清晰；有時音響效果會不太理想，需要重新調試。如果要連接 Internet，我會提前將有關網頁進行『緩存』處理。如果沒有機會在會場調試設備，我會考慮取消我的報告。」

12. 電腦故障

「我根本不知道會存在這樣的問題。」許多人是在使用電腦的過程中學習如何處理出現的問題和故障的。其實，你完全可以透過

請教同事或閱讀相關書籍瞭解這些，一旦出現問題，也能做到胸有成竹。且看下面的案例。

「那是我第一次做簡報報告，輪到我時，我走上台準備啟動電腦，但顯示器沒有反應。我試按了十幾次 Control＋Alt＋Delete 重啟動也沒用。我想也許是電池沒電了，但接上電源還是無濟於事。無奈之下，只好改用投影儀了。幸好，投影儀還能用！後來，我知道電腦休眠了。」

「在簡報報告進行中，我突然發現觀眾都開始在那裏嘀嘀咕咕，我知道我的演講不會差到讓大家犯嘀咕的水準，於是我轉頭去看螢幕，看看到底是怎麼樣回事，我發現我的電腦正處於崩潰狀態中。」

「在一次簡報報告中，也許過多使用音響效果的緣故，電腦忽然死機了。我想關機重新啟動，於是我拔掉電源，但電腦毫無反應。這時，有人提醒我電池還在裏面呢。我又忙不迭地取出電池，前後費了好長時間才使電腦恢復正常，這實在是段令人難堪的經歷。」

13. 撥號上網

「在辦公室我透過連接電話線上網，於是我想無論在那裏都可以撥號上網。」該報告人事先沒有檢查飯店的電話接口，結果在報告會上他不得不透過自己的手機上網，但手機上網速度很慢，每張幻燈片的下載都需要好幾分鐘。他也許會因這次失誤而丟掉工作。

「有一次，我透過網路連接調用報告，但中途掉線了，而我又沒有備份文檔。下不為例！現在我已不再透過網路連接來完成簡報報告了。」

14. 最後一分鐘的變故

「一次，我到某公司做報告，我提前一星期到達，將所需的設備安裝調試好。但是，就在報告開始前的 5 分鐘，我被告知別人要用這間會議室。於是，我們被帶到了一個只有投影儀的房間。」

「我提早到達培訓地點，找到他們通知我的上課用的教室，一切就緒，離上課還有一段時間，我便和一位學員聊起天來。這時，有人跑來告訴我說不是這間教室。而他帶我去的教室只有原來的 1/3 大，容納 5 個人還可以，而我有 10 個學員。沒辦法，強作笑顏，我硬著頭皮在擁擠不堪的教室裏上了一天的課。後來組織者就此向我表示歉意，但他的歉意無論如何也不能彌補那天我遭遇的尷尬。幾個月後，碰巧遇到那天上課的一個學員，他告訴我，我在那麼糟糕的條件下上課依然滿懷激情，他對此表示十分欽佩。」

15. 不要言詞傷人

「一次我要在義大利向 65 位來自歐洲的產品經理就公共關係(PR Program)方面的內容做一次簡報，共有 60 張幻燈片。飯店的技術人員正為電源插座型號不對而發愁，我在一旁不斷地提醒說，先生，請不要碰那個！」從美國帶來的電源插頭有三個插腳，而他卻硬是把它塞進只有兩個插孔的插座裏。結果，電腦閃了一下後便徹底死機了，同時會議室也變得一片漆黑。當電路恢復後，那個技術員非要在我接受他的道歉後才肯離開。那天，我只好即興完成報告演說。事後，一位客戶對我說：「不瞭解你的人可能沒發現有什麼問題，但瞭解你的人都知道那天你儘管很生氣，但你沒有當場訓斥那個毛手毛腳的技術員，這件事給我的印象頗為深刻。」

16.電腦和寒冷的汽車

「在十分寒冷的天氣裏，把 LCD 投影儀在車裏放了一夜。取回投影儀我立刻就接上了電源，幾乎同時就聽到『嘭』的一聲，投影儀裏價值 500 美元的燈炸了。我倒不心疼這 500 美元，但問題是我當時沒有備用燈。」另外別忘了，汽車溫度太低會耗盡電腦電池的存電。

17.共用的投影儀

辦公室裏大家會共有一個 LCD 投影儀。那麼在你出發前一定要檢查看看是否所有的部件都在。「原本我打算用無線滑鼠來切換幻燈片，但是到達會場後我才發現有人用後沒有歸還滑鼠。」

18.文件轉移

製作的文檔應該易於拷貝轉存。「一位朋友的簡報包括有 18 張幻燈片，他以高解析度保存圖片，所以根本不能拷貝到軟碟中。我想，即使用 100MB 的解壓盤也未必能解決問題。」

19.對方提供的投影儀

「我們到市郊去做一次簡報，對方答應提供投影儀器。但是在報告開始時發現，那個投影儀根本沒法用。無奈之下，只好用報告的複印備份敷衍了事。」在這種情況下，無論如何是令人十分尷尬的。但即使是由於對方的投影儀太舊而使我們不能簡報無法進行，我們也不能當面埋怨或指責。

20.看清楚再寫

如果你同時用了簡報螢幕和白板，千萬注意不要把字寫在螢幕上了，尤其當筆跡無法抹去時。「簡直不敢相信，我用筆在顯示器幕上寫了起來。」

21.監視器

「在練習時，我是站在螢幕旁邊的。但當我走進會議室時發現，每人面前都有一個小監視器。根據這種情況，我本應該說，請大家看自己的監視器，該系統是如何安裝的……但忙中出錯，我竟說成了，大家請看大螢幕……」

22.不翼而飛的幻燈片

「我將報告文檔存放在公司的映射驅動器上，但報告會開始時，在該驅動器上卻找不到我的報告文檔。」

23.設備檢測

如果你必須要在飛機上檢測你的設備儀器，注意將所有的設備部件放在一起。下飛機後要及時檢查有無遺漏，並測試設備是否能正常工作。「一次，不得已，我搭乘一架螺旋槳飛機趕往目的地，而他們非讓我在飛機上試用 LCD 投影儀。待我到達會場安裝設備時，發現投影儀丟了。當時我並沒有準備透明幻燈片，其實也沒什麼必要了，因為飯店惟一的一台高射投影儀也是壞的。」

24.複印散發材料

如果你需要使用散發材料，在複印前不要擦掉報告上的補充筆記。「一位同事隨手擦掉了報告的手寫補充筆記，但原稿已經送交複印，結果使報告人在會議上漏洞百出。」

25.如果沒有把握，就自帶設備

不要相信對方會提供所有你需要的儀器設備。如果攜帶不便，你可以提前給對方列一個設備租借清單，或者，儘快親自看一下對方到底提供了那些設備及設備狀況如何。「這是一次外科居民研究報告競賽。每個人的發言時間不超過 10 分鐘，回答裁判提問的時

間為 5 分鐘，時間很緊。有一位報告人將報告文檔拷貝在 CD 上，但現場的電腦沒有裝 CD-ROM。20 分鐘後仍然沒找到帶 CD-ROM 的電腦，他被告知時間已到。第二天，我私下裏看了他的參賽報告，十分精彩，作為裁判之一，我會將一等獎授予他，很多相關部門也一定願意聘用他。他的這一過失無疑使他錯過了發展事業的好機會。」

26.飛機晚點

「問題 1：一位批發商晚點數小時到達目的地。問題 2：在飯店檢查電腦時發現顯示器上有一個大洞。問題 3：他只有 15 分鐘趕到會場，沒有備份，沒有報告影本，什麼都沒有。問題 4：沒有幻燈片，沒有宣傳手冊，沒有演說草稿，而我們的報告人要竭力說服 50 名代理商代銷我們的產品。問題 5：事後如何讓代理商相信我們的產品的確是物美價廉。」

心得欄 ----------------------------------

臺灣的核心競爭力，就在這裏！

圖書出版目錄

憲業企管顧問（集團）公司為企業界提供診斷、輔導、培訓等專項工作。下列圖書是由臺灣的憲業企管顧問（集團）公司所出版，自 1993 年秉持專業立場，特別注重實務應用，50 餘位顧問師為企業界提供最專業的經營管理類圖書。

選購企管書，敬請認明品牌：**憲業企管公司**。

1. 傳播書香社會，直接向本出版社購買，一律 9 折優惠，郵遞費用由本公司負擔。服務電話 (02) 27622241　(03) 9310960　傳真 (03) 9310961
2. 付款方式：請將書款轉帳到我公司下列的銀行帳戶。
   - 銀行名稱：合作金庫銀行（敦南分行）　帳號：**5034-717-347447**
     公司名稱：憲業企管顧問有限公司
   - 郵局劃撥號碼：**18410591**　郵局劃撥戶名：憲業企管顧問公司
3. 圖書出版資料每週隨時更新，請見網站 www.bookstore99.com

～～～經營顧問叢書～～～

25	王永慶的經營管理	360 元	122	熱愛工作	360 元
47	營業部門推銷技巧	390 元	125	部門經營計劃工作	360 元
52	堅持一定成功	360 元	129	邁克爾‧波特的戰略智慧	360 元
56	對準目標	360 元	130	如何制定企業經營戰略	360 元
60	寶潔品牌操作手冊	360 元	135	成敗關鍵的談判技巧	360 元
72	傳銷致富	360 元	137	生產部門、行銷部門績效考核手冊	360 元
78	財務經理手冊	360 元	139	行銷機能診斷	360 元
79	財務診斷技巧	360 元	140	企業如何節流	360 元
86	企劃管理制度化	360 元	141	責任	360 元
91	汽車販賣技巧大公開	360 元	142	企業接棒人	360 元
97	企業收款管理	360 元	144	企業的外包操作管理	360 元
100	幹部決定執行力	360 元			

146	主管階層績效考核手冊	360元
147	六步打造績效考核體系	360元
148	六步打造培訓體系	360元
149	展覽會行銷技巧	360元
150	企業流程管理技巧	360元
152	向西點軍校學管理	360元
154	領導你的成功團隊	360元
155	頂尖傳銷術	360元
160	各部門編制預算工作	360元
163	只為成功找方法，不為失敗找藉口	360元
167	網路商店管理手冊	360元
168	生氣不如爭氣	360元
170	模仿就能成功	350元
176	每天進步一點點	350元
181	速度是贏利關鍵	360元
183	如何識別人才	360元
184	找方法解決問題	360元
185	不景氣時期，如何降低成本	360元
186	營業管理疑難雜症與對策	360元
187	廠商掌握零售賣場的竅門	360元
188	推銷之神傳世技巧	360元
189	企業經營案例解析	360元
191	豐田汽車管理模式	360元
192	企業執行力（技巧篇）	360元
193	領導魅力	360元
198	銷售說服技巧	360元
199	促銷工具疑難雜症與對策	360元
200	如何推動目標管理（第三版）	390元
201	網路行銷技巧	360元
204	客戶服務部工作流程	360元
206	如何鞏固客戶（增訂二版）	360元
208	經濟大崩潰	360元
215	行銷計劃書的撰寫與執行	360元
216	內部控制實務與案例	360元
217	透視財務分析內幕	360元
219	總經理如何管理公司	360元
222	確保新產品銷售成功	360元
223	品牌成功關鍵步驟	360元
224	客戶服務部門績效量化指標	360元

226	商業網站成功密碼	360元
228	經營分析	360元
229	產品經理手冊	360元
230	診斷改善你的企業	360元
232	電子郵件成功技巧	360元
234	銷售通路管理實務〈增訂二版〉	360元
235	求職面試一定成功	360元
236	客戶管理操作實務〈增訂二版〉	360元
237	總經理如何領導成功團隊	360元
238	總經理如何熟悉財務控制	360元
239	總經理如何靈活調動資金	360元
240	有趣的生活經濟學	360元
241	業務員經營轄區市場（增訂二版）	360元
242	搜索引擎行銷	360元
243	如何推動利潤中心制度（增訂二版）	360元
244	經營智慧	360元
245	企業危機應對實戰技巧	360元
246	行銷總監工作指引	360元
247	行銷總監實戰案例	360元
248	企業戰略執行手冊	360元
249	大客戶搖錢樹	360元
252	營業管理實務（增訂二版）	360元
253	銷售部門績效考核量化指標	360元
254	員工招聘操作手冊	360元
256	有效溝通技巧	360元
258	如何處理員工離職問題	360元
259	提高工作效率	360元
261	員工招聘性向測試方法	360元
262	解決問題	360元
263	微利時代制勝法寶	360元
264	如何拿到VC（風險投資）的錢	360元
267	促銷管理實務〈增訂五版〉	360元
268	顧客情報管理技巧	360元
269	如何改善企業組織績效〈增訂二版〉	360元
270	低調才是大智慧	360元

272	主管必備的授權技巧	360元	312	如何撰寫職位說明書(增訂二版)	400元
275	主管如何激勵部屬	360元	313	總務部門重點工作（增訂三版）	400元
276	輕鬆擁有幽默口才	360元	314	客戶拒絕就是銷售成功的開始	400元
278	面試主考官工作實務	360元
279	總經理重點工作（增訂二版）	360元	315	如何選人、育人、用人、留人、辭人	400元
282	如何提高市場佔有率（增訂二版）	360元	316	危機管理案例精華	400元
283	財務部流程規範化管理（增訂二版）	360元	317	節約的都是利潤	400元
284	時間管理手冊	360元	318	企業盈利模式	400元
285	人事經理操作手冊（增訂二版）	360元	319	應收帳款的管理與催收	420元
286	贏得競爭優勢的模仿戰略	360元	320	總經理手冊	420元
287	電話推銷培訓教材（增訂三版）	360元	321	新產品銷售一定成功	420元
			322	銷售獎勵辦法	420元
288	贏在細節管理（增訂二版）	360元	323	財務主管工作手冊	420元
289	企業識別系統CIS（增訂二版）	360元	324	降低人力成本	420元
			325	企業如何制度化	420元
290	部門主管手冊（增訂五版）	360元	326	終端零售店管理手冊	420元
291	財務查帳技巧（增訂二版）	360元	327	客戶管理應用技巧	420元
293	業務員疑難雜症與對策（增訂二版）	360元	328	如何撰寫商業計畫書（增訂二版）	420元
295	哈佛領導力課程	360元	329	利潤中心制度運作技巧	420元
296	如何診斷企業財務狀況	360元	330	企業要注重現金流	420元
297	營業部轄區管理規範工具書	360元	331	經銷商管理實務	450元
298	售後服務手冊	360元	332	內部控制規範手冊（增訂二版）	420元
299	業績倍增的銷售技巧	400元
300	行政部流程規範化管理（增訂二版）	400元	333	人力資源部流程規範化管理（增訂五版）	420元
302	行銷部流程規範化管理（增訂二版）	400元	334	各部門年度計劃工作（增訂三版）	420元
304	生產部流程規範化管理（增訂二版）	400元	335	人力資源部官司案例大公開	420元
305	績效考核手冊(增訂二版)	400元	336	高效率的會議技巧	420元
307	招聘作業規範手冊	420元	337	企業經營計劃〈增訂三版〉	420元
308	喬·吉拉德銷售智慧	400元	338	商業簡報技巧（增訂二版）	420元
309	商品鋪貨規範工具書	400元	**《商店叢書》**		
310	企業併購案例精華（增訂二版）	420元	18	店員推銷技巧	360元
			30	特許連鎖業經營技巧	360元
311	客戶抱怨手冊	400元	35	商店標準操作流程	360元
			36	商店導購口才專業培訓	360元
			37	速食店操作手冊〈增訂二版〉	360元

38	網路商店創業手冊〈增訂二版〉	360 元
40	商店診斷實務	360 元
41	店鋪商品管理手冊	360 元
42	店員操作手冊（增訂三版）	360 元
44	店長如何提升業績〈增訂二版〉	360 元
45	向肯德基學習連鎖經營〈增訂二版〉	360 元
47	賣場如何經營會員制俱樂部	360 元
48	賣場銷量神奇交叉分析	360 元
49	商場促銷法寶	360 元
53	餐飲業工作規範	360 元
54	有效的店員銷售技巧	360 元
55	如何開創連鎖體系〈增訂三版〉	360 元
56	開一家穩賺不賠的網路商店	360 元
57	連鎖業開店複製流程	360 元
58	商鋪業績提升技巧	360 元
59	店員工作規範（增訂二版）	400 元
61	架設強大的連鎖總部	400 元
62	餐飲業經營技巧	400 元
64	賣場管理督導手冊	420 元
65	連鎖店督導師手冊（增訂二版）	420 元
67	店長數據化管理技巧	420 元
68	開店創業手冊〈增訂四版〉	420 元
69	連鎖業商品開發與物流配送	420 元
70	連鎖業加盟招商與培訓作法	420 元
71	金牌店員內部培訓手冊	420 元
72	如何撰寫連鎖業營運手冊〈增訂三版〉	420 元
73	店長操作手冊（增訂七版）	420 元
74	連鎖企業如何取得投資公司注入資金	420 元
75	特許連鎖業加盟合約（增訂二版）	420 元
76	實體商店如何提昇業績	420 元
77	連鎖店操作手冊（增訂六版）	420 元

《工廠叢書》

15	工廠設備維護手冊	380 元
16	品管圈活動指南	380 元
17	品管圈推動實務	380 元
20	如何推動提案制度	380 元
24	六西格瑪管理手冊	380 元
30	生產績效診斷與評估	380 元
32	如何藉助 IE 提升業績	380 元
46	降低生產成本	380 元
47	物流配送績效管理	380 元
51	透視流程改善技巧	380 元
55	企業標準化的創建與推動	380 元
56	精細化生產管理	380 元
57	品質管制手法〈增訂二版〉	380 元
58	如何改善生產績效〈增訂二版〉	380 元
68	打造一流的生產作業廠區	380 元
70	如何控制不良品〈增訂二版〉	380 元
71	全面消除生產浪費	380 元
72	現場工程改善應用手冊	380 元
77	確保新產品開發成功（增訂四版）	380 元
79	6S 管理運作技巧	380 元
84	供應商管理手冊	380 元
85	採購管理工作細則〈增訂二版〉	380 元
88	豐田現場管理技巧	380 元
89	生產現場管理實戰案例〈增訂三版〉	380 元
92	生產主管操作手冊(增訂五版)	420 元
93	機器設備維護管理工具書	420 元
94	如何解決工廠問題	420 元
96	生產訂單運作方式與變更管理	420 元
97	商品管理流程控制(增訂四版)	420 元
101	如何預防採購舞弊	420 元
102	生產主管工作技巧	420 元
103	工廠管理標準作業流程〈增訂三版〉	420 元
104	採購談判與議價技巧〈增訂三版〉	420 元

105	生產計劃的規劃與執行（增訂二版）	420 元
107	如何推動 5S 管理（增訂六版）	420 元
108	物料管理控制實務〈增訂三版〉	420 元
109	部門績效考核的量化管理（增訂七版）	420 元
110	如何管理倉庫〈增訂九版〉	420 元
111	品管部操作規範	420 元
112	採購管理實務〈增訂八版〉	420 元
113	企業如何實施目視管理	420 元
114	如何診斷企業生產狀況	420 元

《醫學保健叢書》

1	9 週加強免疫能力	320 元
3	如何克服失眠	320 元
5	減肥瘦身一定成功	360 元
6	輕鬆懷孕手冊	360 元
7	育兒保健手冊	360 元
8	輕鬆坐月子	360 元
11	排毒養生方法	360 元
13	排除體內毒素	360 元
14	排除便秘困擾	360 元
15	維生素保健全書	360 元
16	腎臟病患者的治療與保健	360 元
17	肝病患者的治療與保健	360 元
18	糖尿病患者的治療與保健	360 元
19	高血壓患者的治療與保健	360 元
22	給老爸老媽的保健全書	360 元
23	如何降低高血壓	360 元
24	如何治療糖尿病	360 元
25	如何降低膽固醇	360 元
26	人體器官使用說明書	360 元
27	這樣喝水最健康	360 元
28	輕鬆排毒方法	360 元
29	中醫養生手冊	360 元
30	孕婦手冊	360 元
31	育兒手冊	360 元
32	幾千年的中醫養生方法	360 元
34	糖尿病治療全書	360 元
35	活到 120 歲的飲食方法	360 元

36	7 天克服便秘	360 元
37	為長壽做準備	360 元
39	拒絕三高有方法	360 元
40	一定要懷孕	360 元
41	提高免疫力可抵抗癌症	360 元
42	生男生女有技巧〈增訂三版〉	360 元

《培訓叢書》

11	培訓師的現場培訓技巧	360 元
12	培訓師的演講技巧	360 元
15	戶外培訓活動實施技巧	360 元
17	針對部門主管的培訓遊戲	360 元
21	培訓部門經理操作手冊（增訂三版）	360 元
23	培訓部門流程規範化管理	360 元
24	領導技巧培訓遊戲	360 元
26	提升服務品質培訓遊戲	360 元
27	執行能力培訓遊戲	360 元
28	企業如何培訓內部講師	360 元
31	激勵員工培訓遊戲	420 元
32	企業培訓活動的破冰遊戲（增訂二版）	420 元
33	解決問題能力培訓遊戲	420 元
34	情商管理培訓遊戲	420 元
35	企業培訓遊戲大全(增訂四版)	420 元
36	銷售部門培訓遊戲綜合本	420 元
37	溝通能力培訓遊戲	420 元
38	如何建立內部培訓體系	420 元
39	團隊合作培訓遊戲(增訂四版)	420 元
40	培訓師手冊（增訂六版）	420 元

《傳銷叢書》

4	傳銷致富	360 元
5	傳銷培訓課程	360 元
10	頂尖傳銷術	360 元
12	現在輪到你成功	350 元
13	鑽石傳銷商培訓手冊	350 元
14	傳銷皇帝的激勵技巧	360 元
15	傳銷皇帝的溝通技巧	360 元
19	傳銷分享會運作範例	360 元
20	傳銷成功技巧（增訂五版）	400 元
21	傳銷領袖（增訂二版）	400 元

22	傳銷話術	400 元
23	如何傳銷邀約	400 元

《幼兒培育叢書》

1	如何培育傑出子女	360 元
2	培育財富子女	360 元
3	如何激發孩子的學習潛能	360 元
4	鼓勵孩子	360 元
5	別溺愛孩子	360 元
6	孩子考第一名	360 元
7	父母要如何與孩子溝通	360 元
8	父母要如何培養孩子的好習慣	360 元
9	父母要如何激發孩子學習潛能	360 元
10	如何讓孩子變得堅強自信	360 元

《成功叢書》

1	猶太富翁經商智慧	360 元
2	致富鑽石法則	360 元
3	發現財富密碼	360 元

《企業傳記叢書》

1	零售巨人沃爾瑪	360 元
2	大型企業失敗啟示錄	360 元
3	企業併購始祖洛克菲勒	360 元
4	透視戴爾經營技巧	360 元
5	亞馬遜網路書店傳奇	360 元
6	動物智慧的企業競爭啟示	320 元
7	CEO 拯救企業	360 元
8	世界首富　宜家王國	360 元
9	航空巨人波音傳奇	360 元
10	傳媒併購大亨	360 元

《智慧叢書》

1	禪的智慧	360 元
2	生活禪	360 元
3	易經的智慧	360 元
4	禪的管理大智慧	360 元
5	改變命運的人生智慧	360 元
6	如何吸取中庸智慧	360 元
7	如何吸取老子智慧	360 元
8	如何吸取易經智慧	360 元
9	經濟大崩潰	360 元
10	有趣的生活經濟學	360 元
11	低調才是大智慧	360 元

《DIY 叢書》

1	居家節約竅門 DIY	360 元
2	愛護汽車 DIY	360 元
3	現代居家風水 DIY	360 元
4	居家收納整理 DIY	360 元
5	廚房竅門 DIY	360 元
6	家庭裝修 DIY	360 元
7	省油大作戰	360 元

《財務管理叢書》

1	如何編制部門年度預算	360 元
2	財務查帳技巧	360 元
3	財務經理手冊	360 元
4	財務診斷技巧	360 元
5	內部控制實務	360 元
6	財務管理制度化	360 元
8	財務部流程規範化管理	360 元
9	如何推動利潤中心制度	360 元

為方便讀者選購，本公司將一部分上述圖書又加以專門分類如下：

《主管叢書》

1	部門主管手冊（增訂五版）	360 元
2	總經理手冊	420 元
4	生產主管操作手冊（增訂五版）	420 元
5	店長操作手冊（增訂六版）	420 元
6	財務經理手冊	360 元
7	人事經理操作手冊	360 元
8	行銷總監工作指引	360 元
9	行銷總監實戰案例	360 元

《總經理叢書》

1	總經理如何經營公司(增訂二版)	360 元
2	總經理如何管理公司	360 元
3	總經理如何領導成功團隊	360 元
4	總經理如何熟悉財務控制	360 元
5	總經理如何靈活調動資金	360 元
6	總經理手冊	420 元

《人事管理叢書》

1	人事經理操作手冊	360 元
2	員工招聘操作手冊	360 元
3	員工招聘性向測試方法	360 元

5	總務部門重點工作（增訂三版）	400 元
6	如何識別人才	360 元
7	如何處理員工離職問題	360 元
8	人力資源部流程規範化管理（增訂四版）	420 元
9	面試主考官工作實務	360 元
10	主管如何激勵部屬	360 元
11	主管必備的授權技巧	360 元
12	部門主管手冊（增訂五版）	360 元

《理財叢書》

1	巴菲特股票投資忠告	360 元
2	受益一生的投資理財	360 元
3	終身理財計劃	360 元
4	如何投資黃金	360 元
5	巴菲特投資必贏技巧	360 元
6	投資基金賺錢方法	360 元

7	索羅斯的基金投資必贏忠告	360 元
8	巴菲特為何投資比亞迪	360 元

《網路行銷叢書》

1	網路商店創業手冊〈增訂二版〉	360 元
2	網路商店管理手冊	360 元
3	網路行銷技巧	360 元
4	商業網站成功密碼	360 元
5	電子郵件成功技巧	360 元
6	搜索引擎行銷	360 元

《企業計劃叢書》

1	企業經營計劃〈增訂二版〉	360 元
2	各部門年度計劃工作	360 元
3	各部門編制預算工作	360 元
4	經營分析	360 元
5	企業戰略執行手冊	360 元

請保留此圖書目錄：

　　未來在長遠的工作上，此圖書目錄

可能會對您有幫助！！

在海外出差的………
台灣上班族

愈來愈多的台灣上班族，到大陸工作（或出差），
對工作的努力與敬業，是台灣上班族的核心競爭力；一個
明顯的例子，返台休假期間，台
灣上班族都會抽空再買書，設法
充實自身專業能力。

[憲業企管顧問公司]以專業
立場，為企業界提供最專業的各
種經營管理類圖書。

85%的台灣上班族都曾經有
過購買（或閱讀）[憲業企管顧問
公司]所出版的各種企管圖書。

尤其是在競爭激烈或經濟不景氣時，更要加強投資在
自己的專業能力，建議你：

工作之餘要多看書，加強競爭力。

建立企業圖書館

當市場競爭激烈時：

培訓員工，強化員工競爭力
是企業最佳對策

「人才」是企業最大的財富。如何提升人才，是企業永續經營、戰勝對手的核心競爭力。積極培訓公司內部員工，是經濟不景氣時期的最佳戰略，而最快速的具體作法，就是「建立企業內部圖書館，鼓勵員工多閱讀、多進修專業書籍」

建議您：請一次購足本公司所出版各種經營管理類圖書，作為貴公司內部員工培訓圖書。使用率高的（例如「贏在細節管理」），準備 3 本；使用率低的（例如「工廠設備維護手冊」），只買 1 本。

給 總 經 理 的 話

　　總經理公事繁忙，還要設法擠出時間，赴外上課進修學習，努力不懈，力爭上游。

　　總經理拚命充電，但是員工呢？

　　公司的執行仍然要靠員工，為什麼不要讓員工一起進修學習呢？

　　買幾本好書，交待員工一起讀書，或是買好書送給員工當禮品。簡單、立刻可行，多好的事！

經營顧問叢書 ⑶⑻ 　　　　　　售價：420 元

商業簡報技巧〈增訂二版〉

西元二○二○年八月　　　　　　　增訂二版一刷

編著：呂國兵

策劃：麥可國際出版有限公司（新加坡）

編輯：蕭玲

封面設計：宇軒設計工作室

校對：劉飛娟

發行人：黃憲仁

發行所：憲業企管顧問有限公司

電話：(02) 2762-2241 　 (03) 9310960 　 0930872873

電子郵件聯絡信箱：huang2838@yahoo.com.tw

銀行 ATM 轉帳：合作金庫銀行 　 帳號：5034-717-347447

郵政劃撥：18410591 　 憲業企管顧問有限公司

江祖平律師顧問：紙品書、數位書著作權與版權均歸本公司所有

登記證：行政業新聞局版台業字第 6380 號

本公司徵求海外版權出版代理商 （0930872873）